Katrin Kaiser

Die Pferdeklinik

Freundinnen forever

W0463840

Schneider Buch
EGMONT

Bibliografische Information der Deutschen Nationalbibliothek
Die Deutsche Nationalbibliothek verzeichnet diese Publikation in der Deutschen Nationalbibliografie; detaillierte bibliografische Daten sind im Internet über http://dnb.d-nb.de abrufbar.

verlegt durch EGMONT Verlagsgesellschaften mbH,
Gertrudenstraße 30–36, 50667 Köln

Titelfoto: Sabine Stuewer
Umschlaggestaltung: Agentur 21, Köln
Druck und Bindung: Ebner & Spiegel, Ulm
ISBN 978-3-505-12303-0

07 08 / 8 7 6 5 4 3 2 1

1

„Beeil dich, Sarah! Die Übertragung fängt gleich an!" Jenny trommelte ungeduldig mit den Fingern an Saschas Boxentür.

Sarah ließ sich durch ihre aufgeregte Freundin nicht aus der Ruhe bringen. Sie warf einen Blick auf ihre Uhr. „Aber erst in zehn Minuten. So lange bleibe ich noch bei Sascha!", antwortete sie. „Und überhaupt, Jenny: Seit wann achtest du auf Uhrzeiten?"

Ihre Freundin nahm es mit Terminen und Pünktlichkeit nie sonderlich genau. Doch damit konnte man Jenny nicht ärgern. Grinsend sagte sie: „Seitdem ich unbedingt im Fernsehen die Geländeprüfung von der Vielseitigkeit in Windmühle sehen will!"

Sarah putzte gelassen weiter ihr braun-weiß geschecktes Pflegepony. Vorsichtig untersuchte sie seine Narbe am Bauch und ließ ihre Finger über die Naht gleiten. Sie bekam heute noch eine Gänsehaut, wenn sie sich an den Beginn der Sommerferien erinnerte. Sascha hatte eine schwere Kolik gehabt und musste operiert werden. Inzwischen erholte er sich großartig, Sarah ging jeden Tag eine halbe Stunde mit ihm spazieren.

Sie streichelte Sascha noch einmal über das kurze

Fell, das rings um die Operationsnarbe nachgewachsen war. Für einen Moment sah sie noch einmal die Bilder von Sascha auf dem Operationstisch vor sich: In Narkose, auf dem Rücken liegend, mit kahl rasiertem Bauch …

Das gescheckte Pony riss Sarah aus ihren Gedanken, indem es ihr seine Nase in die Hand bohrte. Sascha war wieder mal auf Suche nach einem Leckerli, er hatte die schlimmen Tage in der Klinik wohl längst vergessen. Sarah gab ihm ein Stück Möhre und kraulte ihm liebevoll den Hals. Dann richtete sie sich auf. „Okay, lass uns ins Stüberl gehen."

Der Arnoldhof besaß einen gemütlichen Aufenthaltsraum, in dem jetzt eine Hand voll Mädchen saßen und gebannt auf den Fernseher starrten. Der Kommentator erklärte mit einer Computergrafik den Verlauf der schweren Geländestrecke. Offensichtlich war ein Wasserhindernis in der Mitte der Strecke die schwierigste Hürde.

Es folgten die Ergebnisse der Dressur vom Vortag. Im Bild tauchte ein großer, langbeiniger Kohlfuchs auf, der im beeindruckenden Mitteltrab über die Diagonale des Dressurviereckes schwebte. Der Sprecher erklärte dazu: „Mit einer souveränen Leistung sicherten sich der erst neunjährige Sandokan und sein Reiter Michael Renner eine hervorragende Position für den heutigen Geländetag. Sie liegen auf dem zweiten Platz hinter der englischen Favoritin Anne Berkeley mit ihrem erfahrenen Blue Mover. Für Sandokan ist es die erste große Vielseitigkeitsprüfung, er zeigt sich bis jetzt in bestechender Form."

Mit dem letzten Satz zeigte das Fernsehbild den Kopf des Fuchshengstes in Zeitlupe. Die Großaufnahme war beeindruckend. Der dunkle Fuchs hatte große schwarze Augen und eine breite Blesse. Seine Ohren waren während der Aufgabe auf seinen Reiter gerichtet, von seinem Maul flockte weißer Schaum.

„Stellt euch vor, ein einziges Mal auf so einem Pferd zu sitzen", schwärmte Solveig.

Sarah grinste das jüngere Mädchen an. „Du kannst doch schon deinen Frühlingsball im Parcours kaum bremsen – ich fürchte, Sandokan würde mit dir erst in China wieder anhalten!"

Solveig winkte ab. „Man wird ja wohl noch träumen dürfen, oder?"

Jenny nahm sich ein paar Kartoffelchips und lehnte sich gemütlich zurück. „Jetzt seid endlich still. Es geht los!"

Die erste Reiterin ging auf den Kurs, und alle sahen gespannt zu. Das Tempo, die festen Hindernisse – das Pferd schien einfach keine Angst zu kennen. Egal, ob unter dem Hindernis tiefe Gräben lagen, die Hecke nur einen Meter breit war oder der Sprung direkt ins Wasser führte, ihr Vollblüter rannte darauf zu und sprang sicher ab.

Sarah schüttelte den Kopf. „Wahnsinn, dass da

nicht mehr passiert. Wie kann man nur über diese gewaltigen Dinger reiten?"

„Die Pferde haben das so gelernt", belehrte Jenny sie. „Die wissen, dass sie auf die Hindernisse auch aufsetzen können. Schau mal, die Vorder- und Hinterbeine sind mit Schmierseife eingerieben. Damit können die Pferde über die Hindernisse rutschen, ohne sich wehzutun."

Sarah sah ihre Freundin verwundert an. „Und woher kommt plötzlich dein Wissen über Vielseitigkeit?"

Jenny lächelte verlegen. „Ich habe mir ein paar Bücher gekauft. Ich stelle mir das toll vor – Springen, Dressur, Gelände. Das würde ich gerne mit Lavinia mal ausprobieren."

Sarah war noch nicht überzeugt. „Und du hast keine Angst davor? Da passieren manchmal ganz schön schwere Unfälle."

Jenny schüttelte den Kopf. „Man muss eben langsam über kleine Hindernisse anfangen. Aber es ist wohl nicht der richtige Sport für meine Lavinia. Ich glaube, sie ist zu ängstlich für feste Hindernisse. Das werde ich aber erst wissen, wenn ich es mal ausprobiere. Und das …"

Jenny brach mitten im Satz ab und deutete auf den Bildschirm. „Seht mal, da ist Michael Renner. Sandokan ist einfach unglaublich!"

Der deutsche Reiter ging mit seinem tänzelnden Fuchs in die Startbox. Nach dem Signal legten die beiden richtig los. Die breiten, hohen Hindernisse überwand Sandokan leichtfüßig. Er zögerte keine Sekunde, spitzte die Ohren und rannte im höchsten Tempo dahin. Bei einer Bank kam er kurz ins Straucheln, fing sich aber wieder und überwand das gewaltige Hindernis mühelos. Auch der Kommentator konnte seine Begeisterung für das Paar kaum verbergen. „Es ist nicht zu glauben, dass dieses Pferd das erste Mal in einer so schweren Prüfung startet. So überlegen wie Renner und Sandokan sind wenige. Aber jetzt geht es an die Klippe des Kurses, den Teich. Hier war in den letzten Jahren für einige Favoriten die Reise zu Ende."

Mit großen Galoppsprüngen näherte sich Sandokan durch ein schattiges Wäldchen dem Einsprung in den Teich. Hier ging es über einen großen Baumstamm in das Wasser. Der Hengst konnte das bis zu seinem Absprung nicht sehen – und dann ging alles so schnell, dass die Mädchen kaum folgen konnten. Statt abzuspringen, stemmte der Hengst alle vier Beine fest in den Boden und drehte sich blitzschnell um. Sein Reiter hielt sich nur mit Mühe im Sattel. Mit verwirrtem Gesicht nahm er die Zügel wieder auf, wendete und ritt noch einmal auf den Teich zu. Diesmal sehr viel energischer – während Sandokan nur zögernd zu dem wuchtigen Baumstamm hingaloppierte. Es wiederholte sich das Schauspiel vom ersten Versuch. Wieder bremste Sandokan, diesmal rannte er panikartig rückwärts. Er stieg, in seinen Augen konnte man das

Weiße sehen. Renner klopfte ihm beruhigend den Hals und ritt eine leichtere Alternative.

„Damit sind alle Chancen auf einen Sieg dahin", bedauerte der Kommentator im Fernsehen. „Die Alternative braucht viel Zeit, die zwei Verweigerungen bringen Abzüge. So hat sich Sandokan kaum für die Weltmeisterschaften im kommenden Jahr empfohlen. Offensichtlich hat er Schwierigkeiten mit Wasser, schade bei einem so talentierten Tier. Und bei allen seinen bisherigen Prüfungen ist dieses Problem nicht aufgetreten. Wir versuchen nachher, Michael Renner vor das Mikrofon zu bringen. Vielleicht kann er uns erklären, was da passiert ist."

Im Bild tauchte das nächste Pferd auf, Sandokan wurde nicht mehr gezeigt.

Nachdenklich Sarah sah dem Rest der Prüfung zu. Wieso sprang ein Pferd von einem Tag auf den anderen nicht mehr ins Wasser? An den Temperaturen konnte es nicht liegen – im Fernsehen konnte man erkennen, dass in Windmühle ein traumhafter Herbsttag war. Fast zu warm für die Jahreszeit, das Wasser glitzerte in der gleißenden Sonne.

Eine Stunde später stand fest, dass Anne Berkeley in der Geländeprüfung ihre Führung nach der Dressur noch ausgebaut hatte. Dann tauchte ein hoch aufgeschossener blonder Mann bei dem Reporter auf. Michael Renner, Sandokans Reiter. Der Reporter hielt ihm das Mikrofon unter die Nase. „Herr Renner, Sandokan wirkte topfit. Bis zu dem Wasserhindernis hatte er mit keinem einzigen Sprung ein Problem. Woran lag sein Aussetzer am Wasser? Hatte er dieses Problem schon einmal?“

Der Reiter schüttelte den Kopf. „Nein. Sandokan gehört mir, seit er drei Jahre alt ist. Er hat vor nichts Angst. Zumindest bis heute. Ich habe in meiner Laufbahn noch nie ein Pferd mit so viel Selbstvertrauen erlebt. Es ist mir ein Rätsel, was da passiert ist. Wir haben zu Hause auf unserer Anlage ein ganz ähnliches Hindernis mit einem Einsprung ins Wasser. Da hat Sandokan noch nie gezögert. Ich fürchte, er hat sich irgendwo auf der Strecke wehgetan, deswegen konnte ich erst jetzt zu Ihnen kommen. Meine Tierärztin hat nichts Auffälliges gefunden. Trotzdem habe ich meinen Start beim morgigen Springen zurückgezogen. Das ist mir zu riskant.“

Der Reporter nickte und wandte sich wieder der Kamera zu. „Damit beenden wir diese Live-Übertragung …“

Die Mädchen schalteten den Fernseher aus. Anna fischte die letzten Chips aus der Tüte. „Wie kann es sein, dass ein Pferd von einem Tag auf den anderen nicht mehr ins Wasser geht? Das ist für diese Pferde doch wahrscheinlich das Normalste der Welt.“

Sarah zuckte mit den Schultern. „Habe ich auch schon überlegt – keine Ahnung. Ich glaube, ich kümmere mich lieber wieder um die Pferde, denen ich helfen kann. Ich wollte heute Abend noch kurz in die Klinik!“ Sie winkte in die Runde. „Tschüss, bis morgen!“

Bevor sie ging, stattete sie Sascha noch einen Besuch ab. Seit der Kolik hatte sie ständig Angst, dass es ihm plötzlich wieder schlecht gehen könnte. Aber er stand friedlich in seiner Box und kaute sein Heu. Als er Sarahs Schritte hörte, hob er den Kopf und wieherte ihr entgegen. Er ließ sich ein wenig streicheln, dann wandte er sich lieber wieder seinem Abendessen zu.

Lächelnd verließ Sarah den Stall. Sie freute sich auf die Pferde in der Klinik. Nachdem sie die ganzen Sommerferien bei Dr. Wiegand gearbeitet hatte, um Saschas Operation zu bezahlen, kam sie jetzt meistens abends für zwei oder drei Stunden vorbei, um zu helfen. Sarah schwang sich auf ihr Fahrrad und trat in die Pedale. Die Sonne stand schon tief am Himmel, sie wollte nicht in der Dunkelheit durch den Wald zur Marienwaldklinik fahren.

2 Schwungvoll öffnete Sarah die Tür zum Klinikstall. Einige der Patienten beachteten sie nicht, andere wandten ihr neugierig den Kopf zu. Ihr fiel sofort ein kleiner, dunkelbrauner Wallach auf, der sie hellwach ansah und sogar leise zur Begrüßung wieherte. Der war gestern noch nicht da gewesen.

„Na, wer bist du denn?", fragte sie ihn und sah auf die Tafel an seiner Box. „Aquarius heißt du. Und was fehlt dir?"

„Erwartest du etwa eine Antwort?", ertönte eine spöttische Stimme hinter Sarah.

Sie drehte sich um. Vor ihr stand Ben und sah sie mit einer hochgezogenen Augenbraue an. „Es hat dir wahrscheinlich noch keiner gesagt, aber Pferde antworten nur ganz selten. Eigentlich nie. Das tun sie nur in albernen Mädchenbüchern."

Ben. Der Sohn von Elsa, der Frau im Empfangszimmer der Marienwaldklinik, die sich um Abrechnungen, Termine und vor allem die Nerven der Pferdebesitzer kümmerte. Leider hatte ihr Sohn wenig von ihrem freundlichen Wesen geerbt. Er machte sich regelmäßig lustig über Sarahs Sorge um die Pferde und hatte eigentlich nur seine Band und Musik im Kopf.

Er grinste und schien auf eine Antwort zu warten.

Sarah funkelte Ben zornig an. „Wahrscheinlich lernen die Pferde eher reden, als dass du mit deiner Band eine CD aufnimmst."

Bens Grinsen verschwand schlagartig aus seinem Gesicht. „Hat meine Mutter wieder rumgejammert, weil ich so oft proben bin? Da hat sie mit dir sicher die perfekte Partnerin. Du hast dafür allerdings nur die Gäule hier im Kopf."

Sarah schwieg. Sie ärgerte sich über sich selbst. Ben schaffte es in Minutenschnelle, sie aus der Fassung zu bringen. Immer wieder nahm sie sich vor, ihn einfach zu ignorieren. Und dann tauchte er auf und machte mit einem einzigen Satz ihre ganzen guten Vorsätze kaputt.

Sie drehte sich wieder zu Aquarius um. Der schnaubte leise und roch an ihren Händen.

„Sorry, Kleiner. Leider habe ich nichts für dich. Und wenn du Pech hast, darfst du auch gar nichts fressen", entschuldigte sie sich.

Ohne sich noch einmal nach Ben umzudrehen, verschwand sie im Empfangszimmer.

Elsa empfing Sarah mit einem freundlichen Lächeln. „Warum ziehst du so ein Gesicht? Ist dir was über die Leber gelaufen?"

Sarah machte eine wegwerfende Handbewegung. „Nichts Besonderes, nur dein genialer Sohn in der Stallgasse. Er schafft es mit einzigartiger Sicherheit, dass ich sauer werde. Und ich blöde Kuh lasse mich jedes Mal darauf ein."

Elsas Lächeln wurde noch breiter. „Mach dir keine Sorgen, das schafft er bei mir auch immer. Wenn ich es mir richtig überlege, war das eigentlich schon eine Spezialität seines Vaters. Aber im Grunde seines Herzens meint Ben es gar nicht so. Er wirkt nur immer etwas herablassend, eigentlich ist er ein schüchterner Junge."

„Das kann er aber gut verbergen", knurrte Sarah, während sie sich hinsetzte und nach dem Terminkalender von Dr. Wiegand griff. Sie wollte lieber das Thema wechseln und sich nicht weiter über Elsas unfreundlichen Sohn ärgern. „Was liegt denn heute Abend an? Hat Dr. Wiegand irgendetwas hinterlassen?"

Elsa nickte. „Ja. Peter hat heute seinen freien Nachmittag. Du sollst dich um die Abendfütterung kümmern und noch einmal abmisten. Die Medikamente liegen im Labor schon parat. Wenn du dann noch ein wenig Zeit hast, dann sollst du den Neuzugang ein bisschen herumführen. Hast du ihn gesehen?"

Sarah erinnerte sich sofort an den hübschen Dunkelbraunen. „Aquarius? Ja, der sieht nett aus. Was fehlt ihm denn?"

Elsa sah kurz auf die Aufnahmepapiere. „Der hat einen entzündeten Zahn, der rausmuss. Er soll morgen operiert werden."

Sarah stand wieder auf. „Dann lege ich mal los. Wo steckt Dr. Wiegand überhaupt?"

„Sie wurde zu einem Notfall gerufen – das ging heute Nachmittag ziemlich plötzlich. Keine Ahnung, wo sie so lange bleibt."

Leise vor sich hin summend machte Sarah sich an die Arbeit. Sie mochte es, wenn sie alleine im Stall arbeiten konnte. Der Pfleger der Klinik, Peter, war zwar nicht mehr ganz so unfreundlich wie in ihren ersten Tagen in der Marienwaldklinik, aber sie wurde trotzdem nicht schlau aus ihm. Er schwieg oft stundenlang, sah finster bei den Behandlungen zu und schimpfte bei dem kleinsten Fehler. Sarah wurde in seiner Gegenwart immer unsicher, sie hatte ständig Angst, etwas falsch zu machen. Lachen sah man Peter selten. Deswegen machte ihr die Arbeit an Peters freien Tagen immer besonders viel Spaß.

Nachdem sie das Futter mit den Medikamenten verteilt hatte, holte sie Aquarius aus seiner Box. Er ließ sich willig sein Halfter überstreifen und lief dann brav neben ihr her. Mit gespitzten Ohren sah er sich um. Sarah streichelte seinen Hals. „Morgen hast du keine Zahnschmerzen mehr", versprach sie ihm.

Als sie ihn eine halbe Stunde später wieder in seine Box brachte, sah sie das erste Mal auf die Uhr und erschrak. Sie sollte seit über einer Stunde zu Hause sein.

In diesem Moment hörte sie das Telefon im Empfangszimmer klingeln. Elsas Stimme antwortete knapp, wenige Augenblicke später tauchte sie im Stall auf.

„Kannst du noch eine Box fertig machen? Bettina bringt den Notfall gleich mit. Sie sagt, dass sie in zehn Minuten hier ist. Der Patient soll auf Spänen stehen."

Sarah griff noch einmal zur Schubkarre. Sie räumte das letzte bisschen Stroh aus der einzigen leeren Box im Klinikstall und streute reichlich Sägespäne ein. Sie mochte den leicht harzigen Geruch nach Holz. Dann legte sie ein wenig Heu in eine Ecke, überprüfte die Selbsttränke und nickte zufrieden. Jetzt war alles bereit für das neue Pferd. Offensichtlich gerade rechtzeitig, denn vor der Klinik hörte sie schon einen Motor. Sarah rannte aus dem Stall, um den Notfall in Empfang zu nehmen.

Als sie auf den Hof trat, blieb ihr der Mund offen stehen. In die Einfahrt rollte ein riesiger silberner Pferde-Lkw. Auf die Seite war ein springendes Pferd gemalt, darunter stand in großen, dunkelblauen Buchstaben „Sportpferde". Hinter dem Lkw kam der blaue Kombi von Dr. Wiegand zum Stehen. Die Tierärztin sprang aus ihrem Wagen und sah sich suchend um. Als sie Sarah entdeckte, winkte sie ihr zu. „Ist Peter heute nicht da?"

Sarah schüttelte den Kopf. „Der hat doch frei."

„Ach ja, dann hilf du bitte Michael beim Ausladen."

Aus dem Fahrerhaus sprang zu Sarahs Überraschung der große Blonde, den sie noch vor wenigen Stunden im Fernsehen gesehen hatte. Der Vielseitigkeitsreiter Michael Renner! Sarah sah ihn an, als wäre er das berühmte Männchen vom Mars. „Ich ... ich habe Sie heute Nachmittag im Fernsehen gesehen!“, stotterte sie.

Der Blonde stöhnte auf. „Das glaube ich gerne. Jeder hat heute Nachmittag das Desaster von Windmühle gesehen. Vom besten Nachwuchspferd der Vielseitigkeit zum unbrauchbaren Klepper in weniger als drei Minuten – so schnell ist mir das noch nie mit einem Pferd passiert. Hoffentlich kann Bettina ihm helfen!“

Er ging zu der großen Seitenklappe seines Lkws und löste die Riegel. Langsam senkte sich die Rampe auf den Boden. Vier Pferde sahen neugierig heraus – und einen davon hätte Sarah unter Hunderten sofort erkannt: Sandokan!

Sein Reiter löste die Kette und führte den Hengst vorsichtig die Rampe herunter. Er trug eine dünne Transportdecke, alle vier Beine waren dick bandagiert. Die Mähne war noch eingeflochten, so wie Sarah es heute Nachmittag im Fernsehen gesehen hatte. Sie betrachtete fasziniert den riesigen Fuchs, der sich mindestens ebenso neugierig umsah. In Wirklichkeit war er noch schöner als im Fernsehen.

Dr. Wiegand riss sie aus ihrer Bewunderung. „Zeigst du Michael die Box für Sandokan?“

Sarah nickte. „Sicher. Kommen Sie doch einfach mit.“ Sie ging voraus und trat zur Seite, damit Sandokan in seine Box konnte.

Sein Reiter löste den Führstrick und wandte sich an Sarah. „Könntest du ihn ausbandagieren und die Zöpfe öffnen? Das wäre nett!“

Damit verschwand er hinter der Tierärztin in Richtung Empfangszimmer. Sarah war alleine mit Sandokan. Ehrfürchtig sah sie ihn an, während er sich über das Heu hermachte, das sie ihm hingelegt hatte. Wie hatte Renner doch im Fernsehen gesagt? Er fürchtete, dass Sandokan sich irgendwie verletzt hatte. Offenbar hatte er sofort Dr. Wiegand gerufen.

Vorsichtig näherte sie sich dem großen Fuchs. Der beachtete sie nicht und schnaubte zufrieden in sein Heu. Sarah kniete sich hin und löste die erste Bandage. Der Hengst war gut erzogen. Er zuckte nicht ein einziges Mal mit den Beinen, bis alle Bandagen in einem Haufen vor der Box lagen. Als Nächstes kümmerte Sarah sich um die Zöpfe, die sie schnell löste. Dann nahm sie ihm noch die dünne Transportdecke ab und schloss die Boxentür hinter sich. Der Hengst wirkte völlig gesund – aber sie hatte in den letzten Wochen in der Klinik genug gelernt, um zu wissen, dass dieser Eindruck gewaltig täuschen konnte.

Sorgfältig legte sie die Decke zusammen und wickelte die Bandagen auf. Gerade als sie fertig war, tauchten die Tierärztin und der berühmte Reiter wieder in der Stallgasse auf. Michael Renner redete aufgeregt auf die Tierärztin ein. „… er kann doch nicht von einem Tag auf den anderen nicht mehr ins Wasser springen wollen! Bitte finde den Grund heraus. Ein Buschpferd, das nicht ins Wasser will, ist keinen Cent wert. Wir müssen die Ursache finden, Sandokan ist meine Hoffnung für die Weltmeisterschaften nächstes Jahr.“

Er sah in die Box und nickte Sarah zu. „Ich hoffe, er war brav? Manchmal wird er unruhig, wenn ein Fremder sich an seinen Beinen zu schaffen macht.“

Dr. Wiegand lächelte und legte ihre Hand auf Sarahs Schulter. „Sarah ist unsere Geheimwaffe für unruhige Pferde. Bei ihr werden alle lammfromm. Sie wird sich in den nächsten Tagen um deinen Sandokan kümmern, in Ordnung?“

Sarah schluckte aufgeregt, bevor sie antworten konnte. „Ich freue mich darauf, so ein tolles Pferd pflegen zu dürfen, Herr Renner!“

Der sah ihr freundlich in die Augen. „Nenn mich Michael. Und pass mir auf meinen Sandokan auf. Ich verlasse mich auf euch!“ Entschlossen nahm er die Decke und die Bandagen. „Ich muss jetzt meine anderen Pferde nach Hause fahren. Der Umweg über die Klinik war weit. Die Pferde haben es verdient, dass sie endlich in ihren eigenen Stall kommen.“

Damit verabschiedete er sich und stieg in seinen riesigen Lkw. Er wendete ihn mit einiger Mühe in dem engen Hof und fuhr davon. Sarah sah den kleiner werdenden Heckleuchten hinterher.

„Kennen Sie ihn schon länger?“, wagte sie schließlich zu fragen.

Die Tierärztin lachte. „Länger? Das ist gar kein Ausdruck. Ich war mal mit ihm verheiratet. Wir hatten eine gute Zeit miteinander. Leider war ich ständig bei Patienten und er ständig auf Turnieren.“ Dr. Wiegand wurde ernst. „Es ist nicht gut für ein Ehepaar, wenn man sich nie sieht. Aber wir sind immer noch befreundet, das ist mehr, als die meisten Paare bei einer Trennung schaffen. Deswegen hat er mich auch heute Nachmittag angerufen. Er weiß, dass ich nicht so schnell aufgebe, wenn ich auf der Suche nach einer Lösung bin. Obwohl ich im Moment noch keine Idee habe, was Sandokan fehlt ...“ Die große, schlanke Tierärztin streckte sich und sah auf die Uhr. „Um Himmels willen, Sarah! Musst du nicht schon längst daheim sein? Es ist schon nach zehn!“

Sarah erschrak. Sie hatte völlig die Zeit vergessen! Dabei war sie doch schon zu spät dran gewesen, als sie Aquarius in seine Box gebracht hatte. Der Ärger mit ihrer Mutter war jetzt wohl nicht mehr zu vermeiden.

Dr. Wiegand sah noch einmal auf die Uhr und runzelte die Stirn. „Ich fahre dich nach Hause. So spät am Abend solltest du nicht mehr durch den Wald radeln. Komm, steig ein.“

Sarah nickte. Mit ein bisschen Glück wurde ihre

Mutter durch die Fürsorge der Tierärztin milder gestimmt. Aber eigentlich war es Sarah egal, ob zu Hause ein Donnerwetter auf sie wartete. Die Begegnung mit Sandokan war den ganzen Ärger sicher wert. Was wohl die anderen Mädchen morgen im Stall sagen würden?

Wenige Minuten später stand sie vor der Haustür. Vorsichtig drehte sie den Schlüssel um. Vielleicht merkten ihre Eltern ja gar nicht, dass sie nach Hause kam, und sie konnte sich sofort ins Bett legen?

Ihre Hoffnung war vergebens. Als Sarah die Tür hinter sich zuzog, tauchte ihre Mutter aus dem Wohnzimmer auf. Mit gerunzelter Stirn sah Helga Stürmer ihre Tochter an. „Du willst doch nicht etwa sagen, dass du bis gerade eben in dieser Pferdeklinik gearbeitet hast?"

Sarah lächelte ihre Mutter entschuldigend an. „Doch. Stell dir vor: Heute Abend wurde ein ganz berühmtes Pferd angeliefert. Dieser Sandokan gilt als eines der besten Vielseitigkeitspferde Deutschlands – und ich durfte ihn versorgen! Ist das nicht toll?"

Sarahs Mutter seufzte. „Ich verstehe nicht, was daran so großartig sein soll, wenn du einem Pferd den Mist wegräumen darfst. Ich hätte weniger Probleme, wenn du spät aus der Disco heimkommen würdest. Aber diese Klinik – das verstehe ich nicht. Was hat Jenny denn heute Abend gemacht?"

Sarah dachte nach. „Jenny? Ich glaube, die hat sich

mit ein paar Freundinnen getroffen. Die wollten zusammen irgendeinen Film auf DVD anschauen."

„Und warum bist du nicht dabei?"

Sarah sah ihre Mutter verblüfft an. „Weil ich mir nichts aus Fernsehen mache. Das weißt du doch!"

„Aber es ist Samstagabend – und dir fällt nichts Besseres ein, als zu arbeiten! Ich verstehe dich nicht …" Sarahs Mutter seufzte, dann versuchte sie ein Lächeln. „Ich war heute in der Stadt!", sagte sie geheimnisvoll.

Sarah verdrehte die Augen. Sie wusste, was das bedeutete. Ihre Mutter hatte ihr sicher wieder ein Geschenk gemacht. Ein T-Shirt, das ihr nicht gefiel. Oder eine Hose, die so tussimäßig aussah. Ihre Mutter hatte das perfekte Händchen, wenn es darum ging, Kleidungsstücke zu finden, die ihre Tochter nicht leiden konnte. So auch dieses Mal.

Helga Stürmer deutete auf einen Rock, der an der Garderobe hing. Knielang, schwingend und mit glitzernden Pailletten bestickt. Wann sollte sie so etwas nur tragen? Eine weitere Leiche für ihren Kleiderschrank.

Sarah lächelte schief. „Echt lieb von dir Mama. Aber …"

Ihre Mutter hob die Hand. „Kein Widerspruch! Der steht dir sicher fantastisch!" Ihre Mutter redete sofort weiter. „Und hast du dir eigentlich überlegt, was du dir zu deinem Geburtstag wünschst?"

Richtig, in ein paar Tagen hatte sie Geburtstag.

Sarah musste nicht lange nachdenken. „Es gibt da ein paar Bücher, die ich gerne …"

Helga Stürmer unterbrach ihre Tochter. „Ich finde, du solltest dir ausnahmsweise mal nichts wünschen, was mit Pferden zu tun hat. Wünschst du dir nichts für dich selber? Etwas Schönes zum Anziehen oder eine CD?"

Sarah seufzte leise. Ihre Mutter wollte einfach nicht kapieren, dass sie sich nicht für Mode und Schminken interessierte. Aber sie wusste aus Erfahrung, dass sie in dieser Sache besser nicht widersprach. Also sagte sie nur: „Ich überlege mir etwas und sage dir dann Bescheid!"

Helga Stürmer blieb beharrlich. „Vergiss es aber nicht!"

Sarah nickte nur und tappte an ihrer Mutter vorbei ins Wohnzimmer. Hier saß ihr Vater und las in einem Buch. Er sah nur kurz auf. „Hallo, Liebling! Was ist denn heute Spannendes in der Klinik passiert? Warum kommst du denn so unglaublich spät?"

Endlich konnte Sarah die ganze Geschichte von Sandokan erzählen. Ihr Vater hörte aufmerksam zu. Sie war sich sicher, dass er verstand, wie aufregend die Geschichte mit dem Fuchshengst war.

3 „Hoho, ganz ruhig!“ Aber die Schimmelstute sah alles andere als ruhig aus. Sie riss den Kopf hoch und fixierte die Tierärztin mit weit aufgerissenen Augen. Als Dr. Wiegand vorsichtig einen Schritt nach vorne machte, wich die zierliche Vollblutstute drei Schritte zurück. Die Besitzerin hing hilflos am Führstrick und versuchte verzweifelt, ihr Pferd festzuhalten. Sarah kam langsam näher. Ohne ihr Fahrrad war sie heute Morgen einfach in die Klinik gelaufen. Einen Spaziergang von einer Dreiviertelstunde fand sie nicht weiter schlimm. So war sie wenigstens dem Frühstück mit ihrer Mutter entkommen. Helga Stürmer hatte sich auf einen Familienausflug gefreut – von dem leider nur ihr Mann begeistert war. Sarah hatte ihren Eltern erklärt, dass sie lieber in der Klinik nach Sandokan sehen wollte. Ihre Mutter hatte von da an nur noch beleidigt geschwiegen.

Sarah hatte den Weg zur Klinik genossen. Unterwegs konnte sie ihren Gedanken nachhängen, ohne dass sie jemandem erklären musste, was sie gerade tat. Sie freute sich auf die Arbeit. Und auf Marc, den Assistenzarzt der Klinik. Er war seit ein paar Wochen da und nahm sich viel Zeit, Sarah alles zu erklären. Schade war nur, dass der strahlende Herbst der letzten Tage zu Ende war. Ein beharrlicher Nieselregen ließ plötzlich alles grau erscheinen.

Die Schimmelstute stemmte ihre kleinen Hufe auf das nasse Pflaster, als ihre Besitzerin wieder versuchte, sie näher an die Tierärztin heranzuführen. Jetzt wollte sie keinen Schritt mehr gehen.

Neben Dr. Wiegand stand Marc. Sarah lächelte ihn schüchtern an. „Guten Morgen!“, murmelte sie und wollte gleich im Stall verschwinden. Wenn zwei Ärzte ein Pferd behandelten, dann war ihre Hilfe nicht nötig. Oder doch?

Dr. Wiegand hielt sie auf. „Sarah? Kannst du unsere Patientin hier übernehmen? Vielleicht ist sie bei dir ruhiger als bei ihrer Besitzerin.“ Die Ärztin sah die Besitzerin entschuldigend an und erklärte: „Es ist oft so, dass die Besitzer in der Klinik ein wenig nervös sind. Sensible Pferde spüren das und regen sich auf. Dann ist es besser, wenn unser Personal die Pferde führt. Noch dazu können Sie so mehr sehen, wenn wir die Stute vortraben lassen.“

Sarah griff nach dem Führstrick und lächelte die Besitzerin an. Sie hoffte, dass es beruhigend aussah. Die kräftige Frau mit den roten Wangen und dem strohig blonden Haar sah ganz schön verzweifelt aus.

Sarah führte die Stute ein wenig im Kreis herum. Eigentlich war sie ganz brav. Doch kaum versuchte sie, das Pferd wieder in Richtung der beiden Tierärzte zu bewegen, wiederholte sich die Szene, die sie zuvor beobachtet hatte. Die Stute rammte die Beine in den Boden und weigerte sich, auch nur einen Huf vor den anderen zu setzen.

Dr. Wiegand seufzte. „Das wird schwierig. Wie sollen wir eine ordentliche Diagnose machen, wenn wir das Pferd nicht einmal anfassen können?“ Sie wandte sich an Marc und erklärte: „Acordia ist ein alter Fall. Sie lahmt immer wieder vorne rechts. Keine hochgradige Lahmheit, es ist schwer zu sehen, von welchem Gelenk die Lahmheit ausgeht. Deswegen wollte ich heute die Diagnose über eine Leitungsanästhesie stellen.“ Dr. Wiegand sah die Besitzerin des Schimmels fragend an. „Wissen Sie, was das ist?“

Die blonde Frau schüttelte den Kopf. „Sie geben Acordia ein Schmerzmittel?“, fragte sie unsicher.

Dr. Wiegand nickte. „Im Prinzip ja. Wir fangen ganz unten am Bein an. Mit einer örtlichen Betäubung schalten wir den Schmerz ganz unten am Huf aus. Dann lassen wir Acordia vortraben. Wenn sie weiter lahmt, dann muss der Schmerz weiter oben sitzen. Also nehmen wir das nächste Gelenk und setzen dort eine örtliche Betäubung. So verfahren wir weiter, bis Acordia nicht mehr lahmt. In dem Gelenk, das wir zuletzt betäubt haben, muss die Ursache für die Lahmheit liegen. Das kann leider bis heute Mittag dauern. Ich hoffe, Sie haben Zeit mitgebracht?“

Die Frau nickte.

Dr. Wiegand wandte sich wieder der Schimmelstute zu. Mit einem schiefen Grinsen murmelte sie: „Unglücklicherweise muss ich sie dafür anfassen. Noch schlimmer: Ich muss Nadeln in ihre Gelenke stechen. Daran ist im Moment nicht zu denken. Wir versuchen es einfach noch einmal."

Sarah führte die Stute an. Das Ergebnis blieb das gleiche. Wieder ging der Kopf in die Höhe, im Auge der Stute wurde das Weiße sichtbar – sie wollte auf keinen Fall in die Nähe der Ärzte.

„Sie ist sonst immer ganz lieb!", beharrte die Besitzerin.

Sarah sah gerade wenig Liebes in diesem Pferd. Bei jedem Riss am Strick schmerzte ihre Schulter. Ihr kam die Stute wie ein besonders schlecht erzogenes Pferd vor.

Marc legte nachdenklich seinen Kopf auf die Seite. Leise sagte er zu Dr. Wiegand: „Kann ich mal etwas ausprobieren?"

Die Tierärztin zuckte mit den Schultern. „Sicher. Im Moment kommen wir hier keinen Schritt weiter. Und wir haben heute wirklich noch einiges auf dem Plan stehen." Dr. Wiegand sah auf die Uhr. „Sarah, sag Peter doch bitte, dass er Aquarius für die Operation vorbereiten soll."

Sarah nickte und flitzte in den Stall. Peter mistete gerade eine leere Box aus.

Sarah räusperte sich. „Guten Morgen! Dr. Wiegand

fragt, ob Sie bitte Aquarius für die OP vorbereiten könnten."

Peter antwortete, ohne aufzusehen. „Da hat sie wohl nicht mit seiner Besitzerin gerechnet. Der wird heute nicht operiert. Ich komme gleich raus."

Sarah wurde aus seiner Bemerkung nicht schlau. Sie ging zurück zu der widersetzlichen Stute. Davor konnte sie es sich allerdings nicht verkneifen, einen kurzen Blick zu Sandokan in die Box zu werfen. Er stand dösend in der Ecke. Wahrscheinlich hatten ihn die gestrige Prüfung und der lange Transport doch angestrengt.

Draußen hatte Marc in der Zwischenzeit den Führstrick in die Hand genommen. Er ging ruhig über den Hof. Seinen Blick hielt er dabei auf den Boden gerichtet, er sah die Stute nicht an. Immer wieder blieb er stehen, ließ die Stute ein paar Schritte rückwärts treten und ging dann erneut nach vorne.

Sarah sah gespannt zu. Sie hatte genau das Gleiche versucht, aber bei ihr sah das nie so entspannt aus. Der junge Assistenzarzt sah konzentriert aus. Sarah wusste, dass er gerade versuchte, die gesamte Aufmerksamkeit der Stute auf sich zu ziehen.

Im Hintergrund hörte sie, wie Dr. Wiegand der besorgten Besitzerin erklärte, was da eben passierte. „Marc hat oft Erfolg bei schwierigen Pferden. Wir müssen ihm jetzt allerdings ein bisschen Zeit lassen. Acordia wird schon ein paar Minuten brauchen, um zu sehen, ob sie Marc vertraut. Sie können in der Zwischenzeit in den Aufenthaltsraum gehen. Wir holen Sie, wenn es hier weitergeht."

Die Besitzerin der Schimmelstute nickte zögernd und verschwand.

Sarah sah gebannt bei Marcs Bemühungen zu. Er bemerkte sie und lächelte. Dabei wandte er den Blick nicht vom Boden, seine Schultern blieben leicht nach vorne gebeugt.

Sarah flüsterte ihre Frage fast. „Was machst du da genau?"

Marc antwortete mit einer betont ruhigen Stimme. „Ich versuche ihr zu zeigen, dass sie mir vertrauen kann. Also trete ich möglichst wenig dominant auf. Ich schaue sie nicht direkt an, meine Schultern sind von ihr abgewandt. Mit ein paar einfachen Übungen wie den Wendungen, dem Anhalten und dem Rückwärtsrichten soll sie lernen, dass ihr nichts passiert, wenn sie tut, was ich will."

Sarah runzelte die Stirn. „Aber … ich habe doch das Gleiche gemacht, oder?"

Marc schüttelte fast unmerklich den Kopf. „Du siehst sie immer wieder an. Und du hältst dich noch viel zu aufrecht."

Sarah sah an sich herunter. „Ich kann mir nicht vorstellen, was an mir so wahnsinnig Furcht einflößend aussehen soll." Sarah war zwar schon fast fünfzehn, aber sie war sehr zierlich für ihr Alter. Die langen roten Locken und die Sommersprossen sorgten dafür, dass viele Erwachsene sie für jünger hielten.

Marc grinste. Sarah stellte fest, dass er dabei wirklich nette Fältchen um die Augen bekam. „Doch. Pferden ist es egal, wie groß du bist. Wir Menschen sind immer Raubtiere für sie. Pferde konnten in der Wildnis nur überleben, wenn sie vor Raubtieren sofort geflüchtet sind. Ein Säbelzahntiger hat ein Urpferd nicht angestarrt, weil er es so hübsch fand – er wollte es fressen, sonst gar nichts. Die Pferde haben also gelernt, dass ein direkter Blick so ähnlich ist, als ob der Säbelzahntiger ‚Mahlzeit!' über die Steppe brüllen würde. Deswegen ist es ihnen immer noch unheimlich, wenn wir sie genau betrachten. Blöd für uns Tierärzte, wir müssen sie schließlich anschauen …"

Sarah lachte. Marc behandelte sie immer wie eine Erwachsene, er erklärte seine Methoden mit Begeisterung. Und er nahm sich Zeit für seine Erklärungen. Was machte er eigentlich sonst in seiner Freizeit? Noch bevor Sarah fragen konnte, öffnete sich die Tür zum Empfangszimmer, und Dr. Wiegand tauchte wieder auf, Acordias Besitzerin im Schlepptau. „Na, wie geht es unserem Pferdeflüsterer?"

Marc zuckte vorsichtig mit den Schultern. „Wir können es versuchen, aber die Kleine ist wirklich misstrauisch."

Frau Wiegand machte einen Schritt auf die Schimmelstute zu, die im gleichen Moment wieder zurückwich. Die Tierärztin blieb sofort stehen. „Okay, so kommen wir nicht weiter. Marc, kannst du die Behandlung übernehmen?"

Marc nickte, aber Sarah sah, dass er ein wenig bleicher wurde. Diese Behandlung hatte er bisher nur einmal gemacht, und Sarah hatte in den letzten Wochen gelernt, dass Spritzen ins Gelenk immer heikel waren.

In dieser Sekunde tauchte Peter in der Stalltür auf. „Chefin? Frau Hoppe, die Besitzerin von Aquarius, war heute früh da."

Die Tierärztin sah ihn fragend an. „Und? Was ist passiert?"

„Sie hat sich geärgert, dass ihr Pferd bei uns nichts zu fressen bekommt. Und ihm eine ordentliche Portion Hafer gegeben."

Dr. Wiegand schüttelte entnervt den Kopf. „Hast du ihr nicht gesagt, dass wir die Pferde nur nüchtern in Narkose legen können?"

Peter grinste. „Habe ich natürlich. Aber da hat Aquarius schon mit vollen Backen gekaut."

Die Tierärztin zuckte mit den Schultern. „Okay, ich denke, wir können noch einen Tag mit der Operation warten. Gibst du Elsa Bescheid? Sie soll Frau Hoppe anrufen und ihr erklären, dass ich nicht das Risiko eingehe, ein Pferd zu operieren, das etwas gefressen hat. Aquarius verlegen wir auf morgen. Dann haben wir jetzt auch genug Zeit für Acordia. Sarah, holst du alles für die erste Spritze?"

Sarah verschwand im Labor. Sie wusste inzwischen, was bei dieser Art von Diagnose alles gebraucht wurde. Dr. Wiegand gab Marc aus ein paar Metern Entfernung Anweisungen. „Erst einmal gründlich mit Jodsalbe abwaschen, dann ein Stück Fell abrasieren. Ja, so ist es richtig."

Acordia stand still, verdrehte aber misstrauisch ihre Ohren, während Marc sich an ihrem Vorderbein zu schaffen machte. Als er schließlich die Spritze in das Gelenk setzte, zuckte sie zwar heftig, blieb aber stehen. Marc zog die Nadel wieder heraus und richtete sich auf. „Das war's. Jetzt müssen wir genau fünfzehn Minuten warten, dann schauen wir uns Acordia im Trab an. Sarah, behältst du die Uhr im Auge?"

In der Zwischenzeit stellte Dr. Wiegand Marc den berühmten Neuzugang vor. Der langbeinige Fuchs schlief immer noch mit hängender Unterlippe.

Die Tierärztin sah ihn nachdenklich an. „Wir geben ihm heute einen Tag Pause. Es reicht, wenn wir morgen mit den Untersuchungen anfangen. Windmühle war ohnehin die letzte große Prüfung in diesem Jahr, wir haben also keine Eile. Wir sollten ihn nur rechtzeitig für die neue Saison wieder fitkriegen." Die Tierärztin musterte den Fuchs. „Michael hält viel von diesem Pferd, angeblich ist er der beste Neunjährige, der in diesem Sport geht. Es wäre wirklich ein Jammer, wenn Sandokan nicht wieder ins Wasser springt."

Damit setzte sie ihren Rundgang durch die Klinik

fort. An Aquarius' Box blieb sie kurz stehen. Auf dem Schild stand in großen Lettern „Nüchtern! OP!" Offensichtlich wollte Peter Aquarius' fürsorgliche Besitzerin warnen. Solange sie ihrem Liebling immer neue Leckereien zusteckte, konnte er nicht operiert werden.

Wenig später trabte Sarah mit Acordia über den Hof. Die Stute lahmte immer noch. Die Tierärztin entschied schnell. „Okay, Marc, dann ist jetzt wohl das Fesselgelenk dran."

Leider war die Stute durch die erste Spritze in ihrem Misstrauen noch bestärkt worden. Sie blähte aufgeregt ihre Nüstern, als Marc sich wieder näherte. Aus den Augenwinkeln beobachtete sie, was er vorhatte. Der Assistenzarzt legte die Spritze noch einmal weg und massierte die Backen der Stute mit kleinen, kreisenden Bewegungen. Nach wenigen Momenten entspannte sich Acordia und ließ den Kopf ein wenig sinken.

Marc lächelte Sarah an. „Der Trick mit der Massage der Kaumuskulatur funktioniert eigentlich immer, und dabei kannst du nicht viel verkehrt machen." Er sah die Stute prüfend an. „Hältst du ihr bitte das Auge zu? Dann sieht sie nicht, was ich vorhabe. Der Stich ist eigentlich nicht so schlimm."

Sarah hielt ihre Hand vor Acordias Auge – und tatsächlich wehrte die Stute sich nicht. Wieder setzte Marc unter Dr. Wiegands Anweisung die Spritze. Nach der üblichen Viertelstunde trabte Sarah mit der Schimmelstute vor. An ihrem Zustand änderte sich nichts. Sie lahmte unverdrossen weiter, egal ob Sarah sie in einem engen Zirkel oder auf gerader Strecke traben ließ.

Dr. Wiegand runzelte die Stirn und ließ jetzt das Karpalgelenk betäuben.

„Viele Laien sagen ja ‚Knie' dazu", erklärte sie der Besitzerin. „Tatsächlich gibt es aber kein Knie am Vorderbein. Das Karpalgelenk ist ähnlich wie unser Handgelenk gebaut, es besteht aus lauter kleinen Knöchelchen. Mal sehen, ob hier das Problem liegt."

Der Nachmittag wurde lang und frustrierend. Sarah trabte mit der misstrauischen Stute immer wieder vor, während auch Marcs Pferdegeflüster mit jeder Nadel, die er in die Gelenke der Stute stach, wirkungsloser wurde. Schließlich schüttelte Dr. Wiegand entnervt den Kopf. „Es wird nicht besser. Der Grund für ihre Lahmheit muss irgendwo anders liegen." Sie wendete sich an Sarah. „Bring sie bitte in den Stall und lass dir von Peter zeigen, wie man einen Verband macht."

Die Besitzerin sah ängstlich drein. „Warum braucht sie jetzt auch noch einen Verband?"

„Wir haben ihr direkt ins Gelenk gespritzt. Wenn sie jetzt in eine dreckige Box geht – und medizinisch gesehen ist jede Box dreckig –, dann kann sie sich eine Infektion im Gelenk holen. Deswegen kommt vorbeugend ein Verband drauf. Lassen Sie ihn bis übermorgen am Bein und nehmen sie ihn dann einfach ab", erklärte die Tierärztin.

Sarah führte Acordia in die Stallgasse.

„Können Sie mir zeigen, wie ich so einen Verband mache?“, fragte sie den Pfleger schüchtern.

Peter war erstaunlich gnädig. Er zeigte ihr Schritt für Schritt, wie sie mit der sterilen Unterlage und der Bandage das Bein verbinden musste. Am Ende fixierte er alles mit einem blauen Klebeband. „Ich kontrolliere dich noch ein paar Mal, bevor du so etwas selber machst“, knurrte er noch. Für seine Verhältnisse fast freundlich. Sarah brachte Acordia wieder nach draußen und half beim Verladen.

4 Dr. Wiegand verabredete sich mit der Besitzerin in ein paar Tagen. „Jetzt muss sich das Bein erst mal von den vielen Betäubungen erholen, bevor wir weitermachen", erklärte sie ihr.

Als der Hänger vom Hof rumpelte, konnte Sarah ihre Neugier nicht im Zaum halten. „Wie wollen Sie denn da weitermachen?", fragte sie.

„Die Lahmheit könnte auch von der Schulter oder vom Rücken herrühren", erklärte die Tierärztin. „Das schauen wir uns als Nächstes an. Ich hole dann einen Therapeuten dazu, mit dem ich hin und wieder zusammenarbeite. Ich glaube, dann finden wir einen Grund für diese Lahmheit." Dann deutete sie auf ein Zaumzeug, das an einem Haken hing. „Und jetzt zäumst du unseren Sandokan auf und führst ihn ein paar Minuten spazieren. Der ist es sicher nicht gewöhnt, wenn wir ihm einen Stehtag verordnen. Wenn er zu wild wird, dann rufst du um Hilfe, okay? Aber eigentlich soll Sandokan ein echter Gentleman sein."

Sarah nickte. Sie konnte es nicht fassen: Sie durfte den berühmten Hengst führen! Sorgfältig legte sie ihm das Zaumzeug an und lief los. Nach einigen Minuten entspannte sie sich. Der Hengst ging gemütlich, mit langem Hals an ihrer Seite und sah sich mit freundlich gespitzten Ohren auf dem Klinikgelände um. Gerade als Sarah ihre dritte Runde mit ihm drehte, hob er plötzlich den Kopf und wieherte in Richtung Waldrand. Auf dem Weg tauchte Jenny mit ihrem Fahrrad auf. Sarah winkte vorsichtig, um Sandokan nicht zu erschrecken.

Ihre Freundin legte das Fahrrad zur Seite und kam näher. Jenny sah den Hengst bewundernd an. „Wahnsinn, der sieht fast so aus wie gestern dieser Sandokan in Windmühle!"

Sarah lachte. „Das könnte damit zusammenhängen, dass es der Sandokan von der Vielseitigkeit gestern ist."

Jenny blieb der Mund offen stehen. „Du nimmst mich auf den Arm?!"

Sarah schüttelte den Kopf. „Nein. Er ist letzte Nacht hierher gebracht worden. Michael Renner ist sich sicher, dass mit seinem Pferd etwas nicht stimmt. Das sollen wir hier in der Klinik herauskriegen."

Jenny konnte es immer noch nicht glauben. „Und wie … Ich meine, das hier ist eine tolle Klinik und alles, aber wie kommt er ausgerechnet auf die Marienwaldklinik?"

Sarah war stolz, mal etwas zu wissen, von dem Jenny keine Ahnung hatte. „Michael Renner ist der Ex-Mann von Dr. Wiegand. Sie scheinen sich aber immer noch gut zu verstehen. Und er weiß, dass sie so schnell nicht aufgibt …" Sarah warf einen Blick auf Sandokan. „Ich muss noch ein paar Minuten mit ihm gehen, dann habe ich Zeit für dich. Ich darf mit ihm nicht einfach so rumstehen."

Jenny nickte verständnisvoll. „Klar. Ich schau euch einfach zu."

Kaum war Sarah ein paar Schritte gegangen, tauchte Marc auf. Er stellte sich neben Jenny und sah dem berühmten Patienten ein paar Runden zu.

Jenny musterte den dunkelhaarigen schlanken Assistenzarzt interessiert.

„Tolles Pferd, nicht wahr?", begann sie ein Gespräch.

Marc nickte. „So etwas würde man gerne mal reiten."

Jenny wurde noch neugieriger. „Reiten Sie?"

Marc nickte noch einmal, ohne seine Augen von Sandokan zu lassen. „Nur ein bisschen Springreiten. Reines Hobby, wirklich nichts Besonderes." Er sah Jenny kurz an. „Ich heiße übrigens Marc."

Sarah hörte das, während sie vorbeilief. Sie spürte, wie ihr vor Ärger ganz heiß wurde. Wie kam Jenny dazu, sich mit Marc so freundlich zu unterhalten? Schließlich war Sarah diejenige, die in der Klinik mit Marc zusammenarbeitete. Das war zwar nicht ganz logisch, aber das war Sarah egal. Sie stapfte weiter.

Sandokan spürte ihren Ärger und fing an zu tänzeln. Sarah achtete nicht auf seine zunehmende Unruhe. Sie sah aus den Augenwinkeln, wie Jenny ihr langes blondes Haar hinter die Ohren strich und Marc anstrahlte. „Und ich heiße Jenny. Hast du ein eigenes Pferd? Wo steht es?"

Sarah griff fester in den Zügel. Warum schmiss Jenny sich so an Marc heran? Und wieso gelang es ihr, mit jedem ins Gespräch zu kommen? Sarah blieben viel zu oft einfach die Worte im Mund stecken, wenn sie etwas sagen wollte. Jenny war immer schon die Schlagfertige gewesen, die schnell neue Freundschaften schloss. Sarah hatte das eigentlich nie gestört. Bis heute, als Jenny einfach so mit Marc plauderte.

Sandokan wehrte sich mit einem Kopfschütteln gegen ihren festen Griff. Als Sarah nicht reagierte, stand der Hengst, der gerade eben noch lammfromm an ihrer Seite gelaufen war, plötzlich senkrecht in der Luft und schlug mit seinen Vorderbeinen. Sarah schrak zurück.

„Ho, ho. Brav, Sandokan, brav!" Sie bemühte sich, den Hengst zu bändigen. Innerhalb des Bruchteils einer Sekunde war Peter bei ihr. Er riss ihr den Führstrick aus der Hand und drängte sie zur Seite. Er fasste Sandokan an den Hals und beruhigte ihn. Dann führte er den Hengst weiter, während er ihm beruhigend den Nacken streichelte.

Sarah stand mit leeren Händen da und sah Peter und Sandokan hinterher. Auch Jenny und Marc sahen sie verwundert an.

Jenny fand als Erste ihre Sprache wieder. „Was war das denn?“, fragte sie schließlich.

Bevor Sarah etwas sagen konnte, knurrte Peter seine Antwort. „Das passiert, wenn man sich nicht auf das Pferd konzentriert. Ein so wertvolles, sensibles Tier braucht die gesamte Aufmerksamkeit seines Pflegers. Mädchen, die da an etwas anderes denken, sind nicht geeignet.“

Sarah wurde rot. War das der gleiche Peter, der ihr vorhin noch gezeigt hatte, wie man eine Bandage richtig anlegt? Da hatte er fast freundlich gewirkt. Manchmal hatte sie sogar schon gehofft, dass Peter sie allmählich als Teil des Teams sehen würde. Aber da hatte sie wohl daneben gelegen. Und Marc war auch noch Zeuge dieser Behandlung. Am liebsten hätte Sarah sich in ein Mauseloch verkrochen.

Marc achtete allerdings schon nicht mehr auf sie, sondern hörte Jenny zu.

Sarah runzelte die Stirn, als sie hörte, was Jenny sagte.

„… ich springe erst seit Anfang der Sommerferien, aber meine Lavinia stellt sich ganz gut dabei an. Wir haben sogar bei unserem kleinen Stallturnier gewonnen. Jetzt würde ich gerne weitertrainieren, aber das ist schwierig. Der Arnoldhof hat keine Halle, und unser Springplatz ist im Winter zu nichts zu gebrauchen.“

Marc nickte. „Da habe ich es besser. Natascha steht

ein bisschen weiter weg, aber dafür in einem Stall mit Halle." Er dachte kurz nach, bevor er weiterredete. „Weißt du was? Wenn du willst, kannst du ja einmal die Woche zu unserem Stall reiten, und wir trainieren in der Halle zusammen. Macht doch viel mehr Spaß – und hin und wieder können wir uns ja einen Reitlehrer dazuholen. Das ist dann nicht so teuer, wenn wir zu zweit in der Stunde reiten. Was hältst du davon?"

Jennys Gesicht leuchtete. „Das wäre einfach toll! Wann hast du denn Zeit?"

Marc zog eine Grimasse. „Viel zu selten, leider. Der Dienst hier in der Klinik hat natürlich keine Bürostunden. Wenn eine Kolik oder ein Notfall dazwischenkommt, dann muss Natascha sich auf der Koppel selber bewegen. Aber normalerweise schaffe ich es am Montag um sieben immer in die Halle. Sollen wir morgen gleich loslegen?"

Jenny nickte so begeistert, dass Sarah fürchtete, ihr würde der Kopf abfallen. Unglaublich, sie war erst seit einer halben Stunde in der Klinik, und schon hatte sie sich mit Marc zu einer gemeinsamen Springstunde verabredet.

Sarah ballte die Fäuste, drehte sich um und stapfte wortlos in den Stall. Hier war es nicht viel besser. Peter brachte gerade Sandokan in seine Box und erzählte Dr. Wiegand, was vorgefallen war.

Die Tierärztin sah erschrocken aus. „Gut, dass

nichts Schlimmeres passiert ist. Michael war sich so sicher, dass Sandokan von jedem Kind zu führen ist ..." Dr. Wiegand lächelte ihren erfahrenen Pfleger an. „Danke, dass du ein Auge auf Sarah gehabt hast."

Als sie sah, dass Sarah in der Stallgasse stand, sagte die Tierärztin: „Sarah, künftig kümmert sich Peter um Sandokan." Sie machte eine Handbewegung durch den Rest der Klinik und bemühte sich um einen aufmunternden Tonfall. „Es sind ja noch mehr als genug Kandidaten da, die du betreuen kannst. Aber Sandokan ist wohl im Moment ein bisschen zu wild für dich." Sie sah auf die Uhr. „Für heute ist sowieso Schluss für dich. Vielen Dank!"

Damit wandte sie sich wieder Peter zu.

Sarah schluckte und drehte sich um. Unschlüssig stand sie einen Moment in der Stallgasse. Durch das Fenster hörte sie, wie Jenny dem Assistenzarzt gerade die Geschichte von Lavinias erster Springstunde erzählte.

Sarah schluckte. Da wollte sie sich lieber nicht dazustellen, wahrscheinlich würde sie nur stören. Sie schlich durch eine andere Tür aus dem Stall und machte sich auf den Heimweg. Zum Glück konnte sie jetzt ihr Fahrrad nehmen, es war ja noch hell.

Sie war noch keine zehn Minuten gefahren, als sie hörte, wie sich ein Fahrrad von hinten näherte. Jenny. Sie fuhr neben Sarah, die weiter den Blick auf den Boden gerichtet hielt und stur in die Pedale trat.

„Was ist denn mit dir los?“, fragte Jenny verblüfft. „Warum verschwindest du einfach, wenn ich dich in der Klinik besuche?“

„Ich wollte dich nicht bei deinem netten Gespräch mit Marc stören!“

Jenny schien Sarahs giftigen Unterton nicht zu bemerken. Sie strahlte ihre Freundin an. „Der ist echt nett! Warum hast du bisher nichts von ihm erzählt? Wenn ich gewusst hätte, dass man in der Marienwaldklinik solche Typen kennenlernt, hätte ich mich auch zum Ausmisten gemeldet!“

„Ja. Schade, dass dir bei der Behandlung der Pferde immer schlecht wird.“

Sarah konnte sich die bissige Bemerkung nicht verkneifen. Jenny wurde schon übel, wenn ihre Lavinia nur eine Spritze bekam. Doch Jenny ging überhaupt nicht auf Sarahs Bemerkung ein. Sie lächelte weiter. „Seit wann ist der denn bei euch in der Klinik? Weißt du, ob er eine Freundin hat?“

Sarah warf ihrer Freundin einen kurzen Seitenblick zu. Jenny sah wie immer erstklassig aus. Ihre langen blonden Haare hatte sie für das Reiten zu einem nachlässigen Knoten gedreht. Passend zur blauen Reithose mit den beigen Besätzen trug sie eine cremefarbene Jacke. Ihre großen graublauen Augen blickten jetzt verträumt vor sich hin. Sarah kannte das schon. Jenny konnte sich in einer Woche ein paar Mal verlieben und dann wieder beschließen, dass sie den Typen doch nicht leiden mochte. Als beste Freundin erfuhr Sarah von den wechselnden Gefühlszuständen immer aus erster Hand. Aber diesmal hätte sie lieber nichts davon gehört.

Sie seufzte, bevor sie zögernd antwortete. „Seit ein paar Wochen, er hat während der Sommerferien angefangen. Ich habe keine Ahnung, ob er eine Freundin hat. Bis gerade eben wusste ich nicht mal, dass er ein Pferd hat. Wir …“ Sarah verstummte. Sie wollte nicht von seinen geduldigen Erklärungen zum Umgang mit Pferden erzählen. Das wollte sie für sich behalten. Wie einen Schatz, den man nicht jedem zeigt. Nicht einmal der besten Freundin.

Jenny schien Sarahs miese Laune nicht zu bemerken. Sie plapperte fröhlich vor sich hin, bis sie vor dem Haus der Stürmers standen. Hier verabschiedete Jenny sich strahlend, während Sarah missmutig in ihrer Jackentasche nach dem Hausschlüssel wühlte. „Ich rufe dich dann morgen an und erzähle dir vom Springtraining mit Marc, okay?“

Sarah murmelte ein leises „Ja, sicher. Kann es kaum erwarten“ und verschwand im Haus.

5 Pünktlich am nächsten Abend kam Jennys Anruf. Heute sprudelte sie vor Begeisterung richtig über. „Stell dir vor, seine Natascha ist eine ganz kleine Fuchsstute – und das für so einen langen Kerl. Er hat sie wohl schon länger und mag sich nicht von ihr trennen. Ist das nicht süß?“

Sarah machte ein Geräusch in das Telefon, das irgendwie zustimmend klingen sollte.

Jenny nahm das als Aufforderung, weiterzureden. „Er hat mir total nett geholfen, als ich gesprungen bin. Und danach hat er mich noch auf eine Cola eingeladen, im Stüberl.“ Jenny machte eine kurze Pause, bevor sie etwas unsicherer fragte: „Was meinst du – ob er interessiert ist?“

Sarah antwortete eine Spur schärfer als beabsichtigt. „Sicher nicht. Er ist Arzt, hat sein Studium fertig und macht seinen Fachtierarzt. Er wartet bestimmt nicht auf ein kleines Mädchen, das ihn anhimmelt.“

Jenny schwieg einen Moment. Aber nicht lange. „Meinst du wirklich? Aber ich bin ja schon fünfzehn, er ist doch nur acht oder neun Jahre älter.“

Dann erzählte sie den Verlauf des Abends noch einmal von vorn mit allen Details, bis Sarah etwas knapp das Gespräch beendete. „Ich muss noch lernen. Habe es heute schon nicht in die Klinik geschafft, weil ich Mathe gepaukt habe.“

Jenny klang enttäuscht, als sie sich von Sarah verabschiedete. So hatte ihre Freundin sie noch nie abserviert. Sonst hatte sie mit Sarah immer stundenlang über die Typen gequatscht, die sie toll fand, aber jetzt schien Sarah das plötzlich alles nicht mehr zu interessieren.

Am nächsten Nachmittag trottete Sarah lustlos in das Empfangszimmer zu Elsa. Vor dem Stall untersuchte Dr. Wiegand Sandokan. Peter trabte mit ihm vor und diskutierte immer wieder mit der Tierärztin und Marc über das, was sie sahen. Sarahs Hilfe war anscheinend nicht gefragt. Sie griff nach einem Stapel Rechnungen, um sie in Briefkuverts zu stecken.

„Und – haben die beiden schon einen Verdacht?“, fragte sie.

Elsa antwortete nicht auf die Frage. Sie sah Sarah aufmerksam an. „Was ist los mit dir? Schlecht geschlafen?“

Sarah zuckte mit den Schultern. „Nein. Nur ein bisschen Pech mit allem, was ich mache.“

„Das wird schon wieder“, tröstete Elsa. „Was ist denn passiert?“

Noch bevor Sarah antworten konnte, klappte die Tür zum Empfangszimmer auf. Herein kam eine Frau mit langen, leuchtend rot gefärbten Haaren. Sie trug ein grünes Leinenkleid, um ihren Hals klimperten gleich eine ganze Hand voll Amulette. Sie hielt sich nicht lange mit einer Begrüßung auf. „Er kann auf keinen Fall in den nächsten Tagen operiert werden!", verkündete sie.

Sarah sah sie neugierig an. Zu welchem Pferd sie wohl gehörte?

Elsa schien die Frau zu kennen. „Warum denn nicht, Frau Hoppe?", fragte sie gelassen.

„Der Mond steht schlecht für Operationen. Dazu kommt noch eine ungünstige Konstellation der Planeten. Wir müssen den Eingriff auf nächste Woche verschieben!"

Elsa nickte. Offensichtlich bemühte sie sich, möglichst ruhig zu bleiben. „Leider wird der Zahn sich bis dahin noch mehr entzünden. Aber das ist Ihnen sicher klar. Soll ich Dr. Wiegand holen?"

Frau Hoppe nickte, und Elsa verschwand nach draußen. Sarah war alleine mit der seltsamen Frau. Jetzt packte sie doch die Neugier. „Welches ist denn Ihr Pferd?"

Die Frau lächelte. „Aquarius, der kleine Braune. Er ist ein echter Wassermann. Deswegen heißt er auch so."

Sarah musste trotz ihrer schlechten Laune grinsen. Galten für Pferde etwa auch die Sternzeichen? Sie bemühte sich um ein ernstes Gesicht. „Was ist denn ein echtes Wasserpferd? Ich meine, ein Wassermann bei Pferden?"

Die Frau schien sich über Sarahs Interesse zu freuen. „Er ist ein luftbetontes Pferd. Er ist interessiert an allem, was neu ist."

Sarah versuchte weiter, ihr Gesicht unter Kontrolle zu halten und nicht einfach loszuprusten. „Sind das nicht alle Pferde?"

Die Frau schüttelte lebhaft den Kopf. „Auf keinen Fall. Es gibt viele Tiere, die dankbar sind, wenn sich nichts ändert. Sie wollen immer im gleichen Stall, in der gleichen Herde bleiben …"

Dr. Wiegand betrat das Empfangszimmer. „Hallo, Frau Hoppe. Meine Mitarbeiterin hat mir gesagt, dass wir die Operation von Aquarius verschieben sollen?"

„Ja. Bei dem Mond kann ich das Risiko nicht eingehen. Da sind Komplikationen vorprogrammiert!"

Die Tierärztin sah ernst aus. „Sie wissen, dass wir Aquarius' Operation seit Tagen aufschieben, weil er immer wieder von Ihnen gefüttert wird? Sein Zahn wird dabei nicht besser. Er sollte wirklich entfernt werden." Sie machte eine kurze Pause. „Und ich habe bis jetzt noch nicht festgestellt, dass an manchen Tagen bei den Operationen mehr Komplikationen auftreten als an anderen. Ich glaube, wir können das Risiko eingehen, Aquarius trotz der Mondstellung zu operieren."

Jetzt schüttelte die Frau so heftig den Kopf, dass

ihre Amulette klirrten. „Nein. Ich bringe Ihnen Aquarius gegen Ende der Woche. Da können Sie auch nicht mit mir verhandeln. Meine Überzeugung lasse ich mir von Ihnen nicht ausreden. Ich habe den Hänger dabei."

Dr. Wiegand gab noch nicht auf. „Frau Hoppe, ich bitte Sie. Je größer die Entzündung wird, desto gefährlicher wird sie. Da kann der Mond stehen wie er will!"

Frau Hoppe richtete sich auf. Sie funkelte die Tierärztin drohend aus ihren dick geschminkten Augen an. „Ich kann Aquarius auch in eine andere Klinik fahren, wenn Sie das wünschen." Sie machte eine kleine Kunstpause. „Aber erst in ein paar Tagen!"

Dr. Wiegand zwang sich zu einem Lächeln und nickte. „Sie sind die Besitzerin. Aber ich muss Sie noch einmal darauf hinweisen, dass Aquarius' Zustand durch die Verschiebung schlechter wird. Das ist dann Ihr Risiko!"

Die Frau war offensichtlich wild entschlossen, ihrem Horoskop mehr zu glauben als der Tierärztin. Sie nickte entschieden. „Das trage ich, da machen Sie sich mal keine Sorgen. Kann mir einer von Ihrem Team beim Verladen helfen?"

Sarah trat einen Schritt nach vorne. „Ich komme mit Ihnen mit."

Auf dem Weg zu Aquarius sah die Frau Sarah neugierig an. „Bist du nicht etwas zu jung, um hier zu arbeiten?"

Sarah zuckte mit den Schultern. „Ich bin hier nur am Nachmittag oder in den Schulferien."

Frau Hoppe lächelte. „Dann bist du sicher eine Jungfrau. So pflichtbewusst …"

Sarah schüttelte den Kopf. „Nein. Ich habe nächstes Wochenende Geburtstag. Ich denke, das macht mich zu einer Waage."

Frau Hoppe juchzte fast vor Begeisterung und klatschte in die Hände. „So ausgleichend, so eine feine Art – du musst ein perfektes Händchen für Pferde haben." Sie sah Sarah neugierig an. „Dabei hast du wahrscheinlich mehr Gespür für Pferde als für Menschen, stimmt's? Du erzählst nicht jedem, wie es dir wirklich geht, oder?"

Sarah griff nach Aquarius' Halfter. „Wo steht denn Ihr Hänger?", fragte sie. Sie hatte keine Lust auf eine längere Diskussion über ihre Charaktereigenschaften als Waage. Sarah konnte es nicht fassen, dass der Wallach noch ein paar Tage leiden musste, bloß weil sein Frauchen zu lange in die Sterne gesehen hatte. Das war einfach nicht mehr komisch!

Aquarius stapfte brav hinter Sarah her und stieg ohne Zögern in seinen Hänger. Frau Hoppe hörte nicht auf zu reden, bis Sarah die Hängerklappe nach oben gewuchtet hatte. „Ich verstehe ja, dass eine Wissenschaftlerin wie Dr. Wiegand nicht an die Sterne glauben will. Aber ich bin mir ganz sicher, dass der Einfluss der Sterne bald auch von der Naturwissenschaft belegt wird. Immerhin ist der Mond auch beteiligt an Ebbe und Flut, da kann man doch nicht im Ernst glauben, dass er nicht auch auf uns wirkt!"

Sarah verriegelte die Hängerklappe und drehte sich zu Frau Hoppe um. „Aber Sie nehmen doch auch eine Schmerztablette, wenn Sie Kopfweh haben. Oder?"

Die Frau unterbrach ihren Redefluss. „Natürlich mache ich das. Wieso?"

„Weil Aquarius jetzt Schmerzen hat. Und Sie könnten dafür sorgen, dass ihm hier in der Klinik geholfen wird. Aber Sie verhindern das – und das finde ich nicht fair!"

Frau Hoppe lächelte Sarah an. „Du bist einfach eine absolut typische Waage. Immer die Gerechtigkeit im Sinn. Nein, nein, glaube mir, ich weiß, was ich tue. Ich erstelle Horoskope für Zeitschriften, ich bin Profi. Da kann ich nicht die Verantwortung für meinen Aquarius einfach einer Klinik überlassen."

Sarah hatte allmählich wirklich genug von diesem Sternengerede. Sie funkelte Frau Hoppe an. „Ich wünsche Ihnen, dass Ihnen an einem ungünstigen Mondtag nie etwas Schlimmes passiert. Denn womöglich hat der Arzt Ihr Horoskop gelesen und weigert sich dann, Sie zu operieren." Damit drehte Sarah sich um und lief wieder zurück in die Klinik. Dr. Wiegand hatte recht. Das Problem waren oft nicht die Pferde, sondern die Besitzer.

Ihr Handy klingelte, und sie warf einen Blick auf

das Display. Jenny. Sie steckte es wieder in die Tasche. Im Moment hatte sie nicht auch noch Nerven für Jennys Begeisterung für Marc. Und ein anderes Thema hatte ihre beste Freundin im Moment ja nicht.

6 Am nächsten Nachmittag stand Sarah neben Dr. Wiegand im Nieselregen und sah interessiert zu, wie die Ärztin gemeinsam mit Marc Sandokan auf Herz und Nieren untersuchte. Beim Vortraben lief er taktrein. Nach einer Viertelstunde Galopp an der Longe atmete der durchtrainierte Hengst immer noch ohne jede Anstrengung, sein Herz schlug ruhig und regelmäßig. Die beiden Tierärzte brachten den Hengst schließlich in den Zwangsstand. Sie spritzten ihm ein starkes Beruhigungsmittel.

„Was habt ihr jetzt vor?", fragte Sarah.

„Wir wollen sehen, ob er ein Magengeschwür oder etwas Ähnliches hat", erklärte Marc. „Er sieht zwar nicht so aus, aber bei diesen Hochleistungssportlern kann es sein, dass der Stress in den Prüfungen zu so einem Geschwür führt."

„Wir haben nur keine Ahnung, wie das mit seiner Abneigung gegen Wasser zusammenhängen kann", fügte Dr. Wiegand hinzu. „Im Moment stochern wir wirklich im Dunkeln. Wir versuchen jetzt überall mal hinzuleuchten." Sie lächelte. „Bei einer Magenspiegelung machen wir sogar tatsächlich genau das: Wir bringen Licht ins Dunkel! Am Ende von diesem Endoskop ist eine kleine Kamera, und wir können uns im Magen von Sandokan umsehen." Sie schob den Schlauch in Sandokans Maul und deutete auf einen kleinen Bildschirm. Eine dicke rosa Wurst zuckte in dem Bildausschnitt. Noch bevor Sarah nachfragen konnte, erklärte Dr. Wiegand weiter. „Hier siehst du die Zunge." Eine Röhre tat sich auf, an deren Ende eine Öffnung zu sehen war. „Und das ist die Speiseröhre und der Mageneingang. Jetzt komme ich mit dem Endoskop in den Magen." In einer Höhle mit bleichen, gerillten Wänden schwappte eine Flüssigkeit herum. „Das ist die Magenflüssigkeit. Wir suchen nach roten Stellen, das ist dann eine Entzündung." Sie drehte an dem Schlauch und sah sich die Magenwände auf dem Bildschirm genau an. Dann schüttelte sie den Kopf. „Schön für Sandokan: Ich kann hier nichts sehen. Nur gesundes Gewebe." Sie seufzte. „Ich glaube, das hier wird ein Lehrvideo für einen perfekt gesunden Magen. Das überrascht mich allerdings nicht. Michael behandelt seine Pferde gut. Er lässt sie sogar in Gruppen auf die Koppel, das ist selten bei den Spitzenreitern. Die meisten haben zu viel Angst um ihre Pferde."

Sie sah Marc an. „Ich denke, wir können das abbrechen. Am Magen fehlt Sandokan nichts." Sie deutete auf den Videorekorder. „Aber ich will trotzdem das Band haben. Es könnte helfen, wenn ich mal bei einem Pferd etwas feststelle und der Besitzer mir nicht glauben will, wie ein gesunder Pferdemagen aussieht." Sie zog den Schlauch vorsichtig aus Sandokans Maul heraus.

Marc stellte die Frage, die Sarah auf den Lippen lag. „Und – wie soll es mit Sandokan weitergehen? Vielleicht ist er ja einfach unbrauchbar für die Vielseitigkeit und ihm fehlt gesundheitlich rein gar nichts. Dann können wir uns hier einen Wolf suchen."

Dr. Wiegand presste kurz die Lippen aufeinander, bevor sie antwortete. „Bei jedem anderen Pferd würde ich dir recht geben. Aber Michael hält viel von Sandokan. Und er täuscht sich selten, für Pferde hat er ein gutes Auge. Wenn er ein gesundheitliches Problem vermutet, dann glaube ich ihm." Sie dachte kurz nach, bevor sie weiterredete. „Ich habe morgen einen Physiotherapeuten für Acordia da. Er soll sich auch Sandokan ansehen. Für heute haben wir ihm genug zugemutet. Bring ihn doch in seine Box, Marc."

„Mach ich, Chefin!" Marc schnappte sich den Führstrick und verschwand mit Sandokan im Stall. Der Hengst war von seiner Beruhigungsspritze immer noch reichlich mitgenommen und lief dem Assistenzarzt mit hängenden Ohren hinterher.

Dr. Wiegand rieb sich über die Stirn. Sie sah müde aus.

Sarah räusperte sich. „Ähm ... Soll ich Ihnen einen Kaffee bringen?"

„Nein, nicht nötig." Dr. Wiegand gähnte ausgiebig,

bevor sie fragte: „Was macht überhaupt dein Sascha? Geht es ihm gut?"

Sarah nickte eifrig. „Ja, er ist wieder wie früher. Ich führe ihn jeden Tag eine halbe Stunde. Aber ihm wird allmählich langweilig dabei."

„Wird er frech?"

„Nur ein bisschen. Er möchte mit den anderen Pferden auf die Koppel und ärgert sich, weil er nicht rausdarf. Und ich glaube, er findet das Rumführen ganz schön langweilig."

Die Tierärztin sah auf den Kalender an der Wand. „Wie lange ist die Operation jetzt her?"

Da musste Sarah keine Sekunde nachdenken. „Zehn Wochen, auf den Tag genau!"

„Dann ist es in Ordnung, wenn du ihn jetzt langsam wieder reitest. Fange im Schritt an und steigere in den nächsten Tagen ganz allmählich die Belastung. In einer Woche kannst du ein bisschen Trab einbauen, in drei Wochen wird es Zeit für ein wenig Galopp, in einem Monat sollte alles wieder normal sein. Dann darf er wieder auf die Koppel, und du kannst mit dem Springen anfangen." Dr. Wiegand lächelte. „Dann kannst du endlich auch deiner Freundin Jenny Konkurrenz machen!"

Sarah winkte ab. „Ich glaube, so wichtig ist mir das gar nicht. Hauptsache, Sascha hat wieder Spaß am Leben."

Die Tierärztin beruhigte Sarah. „Das hat er jetzt

schon. Er hat keine Schmerzen mehr, das ist sicher!" Sie sah auf die Uhr. „Es ist sowieso schon spät. Geh doch gleich zu Sascha und reite endlich mal wieder! Sonst verlernst du noch, wie das geht!"

Dr. Wiegand musste ihre Gehilfin nicht lange überreden. Sarah radelte überglücklich zum Arnoldhof. Sie freute sich darauf, endlich mal wieder die Welt von Saschas Rücken aus zu betrachten.

Im Stall warf sie einen kurzen Blick in Lavinias Box. Leer. Wahrscheinlich war Jenny ausreiten. Oder wieder einmal trainieren. Sarah zuckte mit den Schultern. Ihr war es nur recht, wenn sie Jenny nicht so schnell wiedersah. Sie wollte keine neuen Geschichten von Super-Marc hören.

Sie putzte Sascha in aller Ruhe. Nach der Operation war sein Fell struppig gewesen, aber jetzt glänzte es wieder. Sarah lächelte, während sie seine weißen Flecken auf dem kastanienbraunen Fell schrubbte. Wie schaffte er es bloß immer wieder, dass ausgerechnet auf den weißen Stellen die gelben Flecken auftauchten?

Als sie endlich mit dem Ergebnis zufrieden war, griff sie nach dem dicken schwarzen Schweif und verlas ihn sorgfältig. Erst dann verschwand Sarah in der Sattelkammer und holte fröhlich vor sich hin summend Saschas Sattel aus dem Spind. Sie erinnerte sich noch genau an die Springstunde im Sommer, nach der sie ihn hier verstaut hatte. Damals war sie unendlich glücklich gewesen über ihr perfektes Pony, das beim Springen alle großen Pferde übertrumpft hatte. Wie hatte ihr Reitlehrer Frank ihn damals genannt? „Ein richtiger kleiner Professor!" Sarah legte noch das sauber geputzte Zaumzeug über den Sattel und lief zurück zur Box.

Mit geübten Griffen sattelte sie Sascha. Er sperrte bereitwillig sein Maul auf, als sie ihm sein Gebiss hinhielt. Es schien so, als ob er sich genauso wie Sarah darauf freute, endlich wieder zu den Reitponys zu gehören. Sarah zog sich noch eine Jacke über und führte Sascha aus dem Stall.

Der Regen der letzten Tage hatte nachgelassen, es nieselte nur noch. Die letzten gelben Blätter hingen noch an den Bäumen. In ein paar Tagen würden auch sie auf dem Boden liegen. Sarah zog eine Grimasse. Winter in einem Stall ohne Reithalle war kein Spaß. Wenn der Platz gefroren war, dann blieb den Einstellern im Arnoldhof nichts anderes übrig, als im Schritt auszureiten. Oder wie Jenny zum Training zu einem anderen Stall zu reiten.

Sarah verdrängte schnell den Gedanken an Jenny, gurtete nach und stieg auf Saschas Rücken. Sie lenkte ihn in Richtung Wald. Heute wollte sie mit ihm nur eine kleine Runde ausreiten. Eine halbe Stunde war für ihn mehr als genug.

Sascha war von der ersten Sekunde an gespannt wie ein Flitzebogen. Noch bevor Sarah den Weg im Wald erreichte, erspähte der kleine Schecke ein nass glänzendes Blatt. Er reagierte auf diese Entdeckung mit einem kräftigen Seitensprung.

„Was soll das denn?“, murmelte Sarah und klopfte ihrem Pony beruhigend den Hals.

Doch Sascha blieb angespannt. Im Wald flog ein kleiner Vogel neben ihm auf. Sofort versuchte er, auf dem Absatz kehrtzumachen. Sarah fasste die Zügel kurz. Allmählich wurde sie wütend. Sascha war normalerweise eine echte Lebensversicherung im Gelände. Immerhin hatte sie auf ihm erst richtig reiten gelernt und ihre ersten Ausritte gemacht. Und jetzt benahm er sich plötzlich, als ob er in seinem Leben noch nie den Arnoldhof verlassen hätte.

Sarah schloss die Beine fester um seinen Bauch. „Benimm dich!“, sagte sie streng und lenkte ihn entschlossen zu einem kleinen Pfad, der über eine Lichtung führte. Sascha ging zögernd weiter. Mitten auf der Lichtung blieb er stehen und starrte einen Baumstumpf an, als wäre er ein Raubtier.

Sarah klopfte mit ihren Schenkeln leicht an Saschas Seite. „Jetzt geh weiter, du Dummpony! Das ist ein Baumstumpf, an dem du schon hundertmal…“

Sie kam nicht dazu, ihren Satz zu vollenden. Sascha machte einen Bocksprung nach vorne und riss ihr dabei die Zügel aus der Hand. Noch bevor Sarah sich wieder aufrichten konnte, gab Sascha Gas. Er galoppierte mit seinen kurzen Beinen so schnell er konnte über die Lichtung und raste in den Tannenwald. Zwischen den Bäumen wurde sein Tempo sogar noch höher.

Sarah zerrte in Panik an den Zügeln. „Sascha! Das darfst du noch nicht. Du tust dir weh! Pass doch auf!“

Der Schecke riss seinen Kopf hoch und wurde noch schneller. Sarah liefen die Tränen über das Gesicht. Sie fühlte sich komplett hilflos und hatte schreckliche Angst. Was, wenn Saschas Operationsnarbe wieder aufging? Wenn sie beide stürzten?

Sascha reagierte überhaupt nicht auf ihre Versuche, ihn zu bremsen. An der nächsten Kreuzung bog er in Richtung Arnoldhof ab, ohne auch nur ein bisschen langsamer zu werden. Von dem Schwung in der Kurve verlor Sarah fast den Halt. Nur ein Griff in Saschas dicke Mähne bewahrte sie vor einem Sturz. Mühsam versuchte sie ihr Gleichgewicht im Sattel wiederzufinden. Die Kieselsteinchen flogen unter Saschas trommelnden Hufen nur so dahin. Erschreckend nah konnte Sarah schon den ersten Koppelzaun des Arnoldhofes erkennen. Hoffentlich bremste Sascha wenigstens ab, bevor er auf den Hof jagte. Sonst konnte er auf dem gepflasterten Hof leicht das Gleichgewicht verlieren und stürzen. Noch einmal zerrte sie am Zügel. Und endlich reagierte Sascha. Er verlangsamte seinen Galopp, fiel in Trab, machte noch ein paar Schritte und blieb schwer atmend vor dem Koppelzaun stehen. Hier wieherte er laut über die Wiese. Am anderen

Ende der Koppel löste sich eine braune Gestalt aus der Herde. Lavinia. Sie wieherte ebenfalls und trabte zu ihrem kleinen Freund, der da so überraschend aufgetaucht war.

Sarahs Angst schlug in Ärger um. Allerdings mehr über sich selbst. Warum hatte sie, als sie Lavinias leere Box gesehen hatte, nicht an die Koppel gedacht? Sie ließ sich mit weichen Knien von Saschas Rücken gleiten und hockte sich neben ihn, um die Narbe an seinem Bauch zu begutachten. Sascha war jetzt wieder die Ruhe selbst. Er blies Lavinia freundschaftlich ins Gesicht, schnappte sich ein paar Maul voll Gras und blieb brav stehen. Sarah ließ ihre Finger über die Narbe gleiten. Sie fühlte sich an wie immer. Trocken und gesund.

Sie griff nach ihrem Handy und wollte die Nummer der Marienwaldklinik wählen. Mittendrin hörte sie auf. Konnte sie jetzt zugeben, dass sie schon wieder einen Fehler gemacht hatte? Sie erinnerte sich an Frau Wiegands Gesicht, als Sandokan so heftig reagiert hatte. Dabei hatte sie vorher jedem gesagt, dass Sarah besonders gut mit Pferden umgehen konnte. Wenn sie ihr jetzt noch erzählte, dass sie nicht einmal ihr eigenes Pony bändigen konnte, dann würde sie künftig sicher nur noch Rechnungen in Briefkuverts stecken und Verbandspäckchen im Labor zählen dürfen. An die Pferde würde Dr. Wiegand sie dann nicht mehr lassen.

Sarah steckte ihr Handy wieder ein. Vielleicht konnte sie ja Marc morgen unauffällig fragen, was passieren konnte, wenn man ein Pferd zu schnell antrainierte. Dann hatte sie wenigstens mal wieder einen Grund, allein mit Marc zu reden.

Trotzdem machte sich das schlechte Gewissen in ihr breit, als sie Sascha einfach absattelte und in seine Box brachte. Hoffentlich ging es ihm nicht plötzlich schlechter! Sie streichelte Sascha noch einmal über die Nase, bevor sie den Arnoldhof verließ und nach Hause radelte.

Wenig später saß sie pünktlich beim Abendessen. Ihre Mutter freute sich darüber – und als Sarah sich auch noch ein passendes Oberteil zu dem Paillettenrock wünschte, war endlich einmal friedliche Stimmung angesagt. Sarah war stolz auf sich. Auf die Idee mit dem Oberteil war sie auf dem Nachhauseweg gekommen. Sie glaubte zwar nicht, dass sie das Ding jemals anziehen würde, aber sie wusste, dass sie ihrer Mutter mit dem Wunsch einen Gefallen tat. Ihre Mutter hätte eben gern eine Tochter wie Jenny gehabt. Nett anzusehen, mit unzähligen Freunden und viel Spaß an Partys und Klamotten.

Bevor Sarah ins Bett ging, betrachtete sie sich prüfend im Spiegel. Sie seufzte. Nein, sie war einfach zu dünn und zu klein. An ihrem Körper waren so gut wie keine weiblichen Rundungen zu entdecken. Und dann noch die ganzen Sommersprossen überall. Nur die Haare waren prima, Sarah hatte ihre roten Locken schon immer gemocht. Sie wuschelte durch ihre Mähne, kroch unter die Bettdecke und machte das Licht aus.

7

Marc sah Sarah aufmerksam an. „Warum willst du das wissen?“

Sarah druckste verlegen herum. Sie hatte den jungen Arzt in der Stallgasse abgepasst, um ihre Frage zu stellen: „Na ja, ich darf Sascha doch seit gestern wieder reiten, und da habe ich mich gefragt, was wohl wäre, wenn er durchgehen würde …“

Marc legte den Kopf schief, wie immer, wenn er über etwas nachdachte. „Ist das denn passiert?“

Sarah spürte, wie sie flammend rot wurde. Irgendwie war sie bei so etwas nie gut. Sie konnte nichts unauffällig in Erfahrung bringen, ihr sah man immer die Wahrheit an.

Sie nickte. „Ich konnte Sascha einfach nicht halten. Er ist vor einem Baumstumpf erschrocken und losgerannt. Ich wollte nur nicht schon wieder wie ein Idiot aussehen, dem man kein Pferd anvertrauen kann. Ich kam mir blöd vor, extra wegen Sascha anzurufen. Und heute früh stand er ganz zufrieden in seiner Box, ich habe extra noch vor der Schule nachgeschaut.“

Marc nickte. „Ich glaube nicht, dass da viel passiert ist. Wenn seine Narbe wieder aufgebrochen wäre, hättest du es gesehen. Das langsame Antrainieren ist eine

Vorsichtsmaßnahme. Trotzdem: Lass es in den nächsten Tagen ruhig angehen. Nicht, dass ihr jetzt jeden Tag durch den Wald galoppiert! Warum bist du denn nicht mit Jenny ausgeritten, das hätte Sascha doch sicher beruhigt?"

Sarah wurde wieder rot. „Jenny hat immer so viel zu tun", antwortete sie ausweichend. „Dazu das Springtraining, ich glaube, da hat sie keine Zeit mehr für Schrittausritte."

Marc schüttelte den Kopf. „Das glaube ich nicht. Ihr seid doch schließlich befreundet, da kann sie dir mit deinem wilden Pony sicher helfen. Frage sie doch einfach!"

Sarah murmelte leise: „Ja ja, mache ich."

Zum Glück kamen Dr. Wiegand und der Physiotherapeut gerade in den Stall. Sarah war dankbar über die Gelegenheit zum Themenwechsel. „Sag mal, was macht so ein Therapeut eigentlich?"

Marc sah zu den beiden hinüber. „Er sucht nach Bewegungseinschränkungen. Diese können oft schon lange Zeit bestehen, ohne dass die Leistung in irgendeiner Form leidet. Aber allmählich kommt es zu einer Überbelastung, die dann zu einer Krankheit führt. Das sind dann verspannte Muskeln oder so."

Sarah beobachtete neugierig den Mann, der sich jetzt um Acordia kümmerte. Er war etwa so alt wie Sarahs Vater und trug ein kariertes Hemd. An seinem Finger und Hals entdeckte Sarah auffälligen Indianerschmuck aus Silber und großen türkisen Steinen. Sarah musste grinsen, als sie sich vorstellte, dass ihr Vater so etwas tragen würde. Er war eher der korrekte Anzug-Typ, nur die Farbe der Krawatte änderte sich. Dieser Typ mit dem karierten Hemd sah dagegen nicht so aus, als ob er häufig mit einer Krawatte in Kontakt kam. Aber im Stall bewegte er sich selbstsicher.

Die Schimmelstute beäugte ihn misstrauisch. Die vielen Spritzen am Anfang der Woche hatten nicht dazu beigetragen, ihre Liebe zu Tierärzten zu steigern. Immerhin ließ sie sich von dem Therapeuten anfassen. Er strich über ihr Fell und ließ langsam seine Finger über Acordias Körper gleiten. Sie entspannte sich allmählich. An der Schulter hielt er inne. „Hier sitzt ihr Problem!“, verkündete er mit tiefer Stimme. Es war überhaupt das erste Mal, seit er die Klinik betreten hatte, dass Sarah seine Stimme hörte. Danach arbeitete er schweigend weiter mit dem Pferd, tastete alle Körperteile der Reihe nach ab. Hin und wieder schloss er sogar die Augen, so als ob er auf etwas lauschen wollte, was Acordia ihm sagte. Die gähnte immer wieder herzhaft, während ihr Kopf immer tiefer sank. Es war kaum zu glauben, dass sie noch vor wenigen Tagen jede Berührung abgelehnt hatte.

Es dauerte fast eine halbe Stunde, bis der Physiotherapeut sich aufrichtete. Er wies noch einmal auf die Schulter. „Sie hat Verspannungen in diesem Muskel.

Die verhindern, dass das Vorderbein frei nach vorne schwingt. Deswegen lahmt sie."

Acordias Besitzerin sah ihn ängstlich an. „Woher kommt das?"

Er zuckte mit den Schultern. „Schwer zu sagen. Das kann mit einem schlecht sitzenden Sattel angefangen haben. Oder mit einer einseitigen Belastung beim Reiten. Es ist aber auch möglich, dass sie an einem Hinterbein eine Schwäche hat. Das hat sie dann mit dem Vorderbein so lange ausgeglichen, bis sich diese Verspannung gebildet hat. Ich massiere das jetzt und zeige Ihnen, worauf Sie künftig achten müssen." Er griff nach dem Bein, zog es erst hoch und dann seitlich. Acordia legte unwirsch die Ohren an. Der Physiotherapeut ließ sich davon nicht aus der Ruhe bringen. Er zog weiter sanft an dem Bein, bis die Stute sich wieder entspannte. Dann strich er massierend über die Schulter und versenkte seine Finger sogar weit hinter das Schulterblatt. Zu Sarahs Erleichterung nahm er vorher wenigstens seinen großen Ring mit dem silbernen Adler ab. Dabei erklärte er Acordias Besitzerin, was sie selber machen konnte. Schließlich strich er Acordia noch einmal abschließend über den Hals und lächelte zufrieden. „Jetzt sollte sie einfach zwei Tage Pause auf der Koppel bekommen. Dann können Sie überpüfen, ob eine einzige Behandlung reicht. Wenn nicht, komme ich noch mal wieder." Er verabschiedete sich von Acordias Besitzerin und wandte sich an

Dr. Wiegand, die ihm die ganze Zeit schweigend zugehört hatte.

„Haben wir heute nur diese Patientin, oder haben Sie noch mehr auf Lager für mich?"

Die Tierärztin deutete auf Sandokans Box. „Hier habe ich noch ein echtes Sorgenkind. Ich will Ihnen nicht viel erzählen, ich hätte nur gerne Ihre Meinung über dieses Pferd."

Damit gab sie Peter ein Zeichen, dass er Sandokan aus der Box holen sollte. Die kleine Geste versetzte Sarah einen Stich – eigentlich hätte das ihre Aufgabe sein sollen. Aber dank Jennys Geplänkel mit Marc durfte sie Sandokan ja nicht mehr führen … Sarah schämte sich sofort für den Gedanken. Es war ja gar nicht Jennys Schuld, aber sie hätte sich trotzdem nicht so vertraut mit Marc unterhalten müssen.

Sie wollte diese Gedanken vertreiben und wandte sich wieder der Untersuchung von Sandokan zu.

Der Physiotherapeut pfiff leise, als er den Hengst ansah. „Großartiges Tier!", sagte er anerkennend, bevor er seine Hände auch über Sandokans Körper gleiten ließ. Schweigend arbeitete er vor sich hin. Sarah kam es wie eine Ewigkeit vor, bis sich der Mann aufrichtete und sein Urteil über Sandokan abgab.

„Der Hengst ist in einem perfekten Zustand. Ihm tut nichts weh, er ist gut austrainiert. Ich kann da nichts entdecken." Er musterte Sandokan und fragte dann: „Warum ist er überhaupt hier in der Klinik?"

Dr. Wiegand machte eine unbestimmte Handbewegung. „Er soll auf Herz und Nieren überprüft werden. Da wollte ich auch Ihren Rat einholen."

Der Mann schien nicht zu merken, dass ihm die Tierärztin nur eine reichlich ausweichende Antwort gegeben hatte. Er griff nach seiner Tasche, streifte seinen schweren Ring wieder über und verabschiedete sich freundlich.

Nachdem er gegangen war, sah Sarah die Tierärztin fragend an. „Warum darf er nicht wissen, dass Sandokan ein berühmtes Pferd ist?"

Dr. Wiegand zog eine Augenbraue in die Höhe. „Weil der Ruf von Sandokan schon genug gelitten hat. Es wird nicht besser, wenn bekannt wird, dass er seit bald einer Woche hier in der Klinik steht. So ein Pferd kann seinen Wert sehr schnell verlieren, das möchte ich Michael nicht antun." Sie seufzte. „Ich komme trotzdem keinen Schritt weiter. Wir schauen uns am besten noch einmal das Video von Windmühle an. Vielleicht haben wir ja irgendetwas übersehen."

Wenig später saßen Marc, Sarah, Peter und die Tierärztin im Aufenthaltsraum und starrten gebannt in den Fernseher. Wieder sah Sarah die vertrauten Bilder. Der traumhafte Herbsttag mit den leuchtenden Blättern und dem strahlend blauen Himmel. Der große Kohlfuchs, der ohne Zögern von Hindernis zu Hindernis galoppierte. Das Wasserhindernis und die Weigerung von Sandokan, dem Wasser auch nur irgendwie näher zu kommen. Michael Renner, der mit enttäuschter Miene die leichtere Alternative wählte. Erst jetzt bemerkte Sarah, dass die Alternative auch durch das Wasser führte. Statt einem Sprung ins Wasser musste Sandokan allerdings nur in eine flache Stelle hineingaloppieren und auf der anderen Seite wieder herausspringen. Das schien dem Fuchs nichts auszumachen.

Vorsichtig äußerte Sarah ihren Verdacht. „In die Alternative geht er brav hinein. Vielleicht ist Wasser ja gar nicht das Problem?"

Die beiden Tierärzte schüttelten den Kopf. „Das ist kaum vorstellbar. Vielleicht ist Michael einfach noch energischer angeritten. Oder Sandokan hat das Wasser schon länger gesehen. Doch, das Problem muss das Wasser sein ..."

Sie wiederholten die Szene noch einige Male, ließen das Band immer wieder zurücklaufen und sahen sich Sandokans Verweigerung sogar in Zeitlupe an. Ohne Ergebnis, niemand hatte eine Idee, was den Hengst zu seinem Ungehorsam gebracht hatte.

Schließlich schaltete Dr. Wiegand den Fernseher aus. „Schluss für heute! Wir zerbrechen uns morgen weiter die Köpfe!" Damit verabschiedete sie sich und verschwand in ihre Wohnung.

Sarah schnappte sich ihr Fahrrad und strampelte zum Arnoldhof. Sie wollte unbedingt noch mal nach Sascha sehen. Wenn Marc recht hatte, dann war sein

Durchgehen gestern vielleicht nicht so schlimm gewesen.

Wenige Minuten später kam sie in die Stallgasse. Sascha erkannte ihre Schritte sofort. Er sah Sarah aus seiner Box entgegen und wieherte leise. Seine Augen blitzten lebhaft unter seinem Schopf. Sarah halfterte ihn auf und band ihn in der Stallgasse an. Noch während sie ihm den Rücken striegelte, stand plötzlich Jenny vor ihr.

„Sag mal, meldest du dich gar nicht mehr? Ich habe die ganze Woche versucht, dich zu erreichen! Und in der Schule warst du immer so schnell weg, dass ich keine Chance hatte, mit dir zu reden. Was ist los?" Jenny sah ihre Freundin herausfordernd an.

Sarah spürte, wie ihr Zorn der letzten Tage verrauchte. Wahrscheinlich war es doch nicht okay gewesen, ihre Freundin einfach zu ignorieren. Schließlich hatte sie nur mit Marc geredet, das hatte ja nichts zu bedeuten.

Sarah versuchte sich herauszureden. „Ich hatte eben total viel zu tun. In der Schule muss ich dringend besser werden, und in der Klinik ist auch nicht alles immer wunderbar. Du hast ja das letzte Mal gesehen, wie Sandokan sich aufgeführt hat. Jetzt versuche ich Dr. Wiegand zu zeigen, dass man mir trotzdem nervöse Pferde anvertrauen kann. Tut mir echt leid, dass ich mich so lange nicht gemeldet habe!" Plötzlich hatte Sarah eine Idee. „Du, ich habe doch morgen Geburtstag. Willst du nicht abends zu mir kommen, und wir feiern ein bisschen? Nur wir zwei? Meine Mutter macht uns bestimmt etwas Leckeres zum Essen!"

Jenny biss sich auf die Lippe. „Mist, deinen Geburtstag habe ich komplett vergessen. Morgen Abend habe ich mich schon mit Marc zum Springtraining verabredet." Sie sah Sarah bittend an. „Können wir das nicht nachfeiern? Bitte, sag Ja!"

Sarah schluckte. Sicher, Jenny hatte selten eine Uhrzeit oder ein Datum im Kopf, Termine waren einfach nicht ihre Stärke. Das nahm sie Jenny sonst auch nicht übel, aber jetzt ... Sarah hatte schließlich nur einmal im Jahr Geburtstag! Und dass sie ausgerechnet wegen Marc keine Zeit hatte ...

Sie nickte nur. „Klar. Wir finden schon einen Abend, an dem wir beide Zeit haben."

Jenny musterte Sarah. „Du bist sauer, stimmt's?"

Sarah versuchte ein Lächeln. Sie wollte nicht zugeben, dass sie heimlich eifersüchtig war. Also zwang sie sich zu einer Antwort. „Nein, ich weiß doch, wie gerne du mit Marc trainierst."

Jenny umarmte Sarah. „Du bist ein Schatz!" Sie sah auf die Uhr. „Ich muss schon seit einer Stunde zu Hause sein. Bis bald! Und viel Spaß mit Sascha!"

Damit verschwand sie. Sarah sah ihr hinterher und ärgerte sich. Wie konnte Jenny so tun, als ob alles in Ordnung wäre? Merkte sie nicht, wie enttäuscht Sarah war?

Sie wandte sich wieder ihrem Sascha zu. Er war jetzt geputzt und musste nur noch gesattelt werden. Sarah spürte ein flaues Gefühl im Magen. Was, wenn Sascha ihr noch einmal so durchging wie gestern? Sie hatte solche Angst gehabt. Vielleicht war ja noch irgendjemand da, der mit ihr eine Schrittrunde drehen wollte. Sarah trat vor den Stall und sah sich um. Fehlanzeige. Es dämmerte schon, der Arnoldhof lag wie ausgestorben da. Nicht einmal die alte Scholz und ihr Schimmel machten um die Zeit noch einen Ausritt.

Sarah ging zurück in den Stall und holte den Führstrick von Sascha. Dabei beruhigte sie sich selber, dass sie nicht etwa plötzlich Angst vor ihrem Pflegepony hatte. Es war einfach nur vernünftig, Sascha lieber nur spazieren zu führen. Mit diesem Gedanken machte sie sich mit dem Scheckpony auf den Weg. Trotzdem nagte in ihr die Befürchtung, dass sie einfach zu ängstlich war, um sich noch einmal auf Saschas Rücken zu setzen.

8 Am Sonntag wachte Sarah in ihrem gemütlichen Bett unter der Dachschräge auf. Sie streckte sich genüsslich und drehte sich noch einmal um. Es gab keinen Grund, jetzt schon aufzustehen. Draußen zogen kleine Wölkchen in Windeseile über den blauen Himmel. Sie blinzelte ein Weilchen in die Sonne, die immer wieder dazwischen auftauchte. Dann fiel ihr plötzlich ein, dass heute ein ganz besonderer Tag war. Ihr Geburtstag! Sie war endlich 15! Sarah richtete sich mit einem Ruck in ihrem Bett auf. Jetzt war sie hellwach. Unten hörte sie schon ihre Mutter in der Küche. Bestimmt gab es ein feines Frühstück. Sarah schlüpfte schnell in ihre abgetragene Lieblingsjeans und zog den dunkelblauen Kapuzensweater über. Ihre Haare flocht sie zu zwei dicken Zöpfen. Dann eilte sie fröhlich die Treppe hinunter. Auch wenn ihre Mutter wenig von der Arbeit in der Klinik oder ihren Plänen als Tiermedizinerin hielt – an ihrem Geburtstag war das egal. Heute war ihr Tag!

Als sie in die Küche kam, strahlte ihre Mutter sie an und umarmte sie. „Alles Gute zum Geburtstag, mein Liebling!“, rief sie. Ihr Vater strich ihr über den Kopf und lächelte, während er leise „Alles Gute!“ brummte.

Ein paar Minuten später saß Sarah am Frühstückstisch und befühlte das Geschenkpäckchen ihrer Eltern, bevor sie es öffnete. In dem bunten Papier kam eine modische Tunika zum Vorschein. Sarah strich über den dünnen Stoff, der in kräftigem Meerblau leuchtete. Sie mochte diese Farbe, und auch der Schnitt gefiel ihr – ihre Mutter hatte diesmal tatsächlich ihren Geschmack getroffen!

Von ihrem Vater bekam Sarah noch ein zweites Päckchen. Das Papier war etwas zerknittert und verhüllte eine merkwürdige Form. Sarah riss neugierig die Verpackung auf. Zum Vorschein kamen ein paar schmale Lederriemen, die im Licht mattschwarz glänzten. Sarah hob die Riemen hoch und erkannte, was ihr Vater ihr da geschenkt hatte. „Ein neues Zaumzeug!", rief sie verblüfft.

Ihr Vater nickte. „Ich dachte, du fängst jetzt wieder an, Sascha zu reiten. Da ist es doch schön, wenn du ein neues Zaumzeug hast. Das alte war ja schon ziemlich gebraucht." Er sah kurz unsicher aus. „Ich hoffe, es passt. Aber die Verkäuferin hat mir versichert, es wäre die richtige Größe für Ponys."

Sarah fuhr über das geschmeidige Leder. „Bestimmt passt das. Ich probiere es gleich heute aus."

Das Lächeln ihrer Mutter verschwand. „Du willst heute in den Stall? Hast du denn nichts anderes vor?"

Sarah wollte nicht zugeben, dass ihre beste Freundin sich heute lieber mit ihrem neuesten Schwarm traf und darüber einfach Sarahs Geburtstag vergessen hatte. Stattdessen murmelte sie leise: „Heute ist ziemlich viel los in der Klinik, da habe ich versprochen, dass ich helfe.“ Sie sah ihre Mutter an. „Du hast doch nichts dagegen, oder?“ Hoffentlich merkte ihre Mutter nicht, dass die Klinik diesmal nur als Ausrede diente. In Wirklichkeit stand heute nicht viel auf dem Programm, Dr. Wiegand wäre sicher auch ohne Sarah zurechtgekommen.

Aber Helga Stürmer schöpfte keinen Verdacht. Sie biss sich auf die Lippen, bevor sie sich zu einer Antwort durchrang. „Nein, Liebling. Verbringe deinen Geburtstag genau so, wie du willst. Wann gehst du denn?“

Sarah zuckte mit den Schultern. „Erst nachmittags. Wir können noch ausgiebig feiern.“

Ihre Mutter war damit zufrieden. Sie saßen gemütlich den ganzen Vormittag zusammen. Zum Mittagessen gab es Sarahs Lieblingsessen, eine extra große Portion Spaghetti Carbonara. Während Sarah mit der Gabel die Nudeln aufdrehte, erzählte sie ihren Eltern von Sandokan. „Dr. Wiegand hat ihn jetzt eine ganze Woche lang untersucht und kann nicht das Geringste finden. Könnt ihr euch das vorstellen? Vielleicht ist er einfach nur schreckhaft geworden. Könnte doch sein!“

Ihre Mutter, die sich sonst nie an Gesprächen über Pferde oder Ponys beteiligte, kaute nachdenklich auf ihren Nudeln. „Was ist denn, wenn er gar kein körperliches Problem hat? Es könnte doch sein, dass er eine schlechte Erfahrung gemacht hat. Vielleicht hat er sich im Wasser ja mal wehgetan."

Sarah sah ihre Mutter überrascht an. Sonst hörte ihre Mutter bei Gesprächen über Pferde eher weg. Und plötzlich mischte sie sich aus heiterem Himmel ein. Sie dachte über das nach, was ihre Mutter gesagt hatte. Dann stimmte sie ihr zu. „Ja, das ist eigentlich die einzige Möglichkeit, die noch übrig ist. Aber wie sollen wir herausfinden, was ihn am Wasser so stört? Und warum ihn nicht jedes Wasser stört? Ich glaube, es dauert nicht mehr lange, bis Frau Wiegand aufgibt."

Zum Nachtisch gab es einen leckeren Schokoladenpudding. Sarah kratzte auch die letzten Reste aus der Schüssel, bevor sie sich von ihren Eltern verabschiedete. „Ich muss dann wohl los – wird heute aber sicher nicht spät."

Zuerst radelte Sarah zum Arnoldhof. Dort hing eine Plastiktüte an Saschas Box. Neugierig sah Sarah hinein. Ein Geschenk, in selbst bemaltem Packpapier verpackt. Und statt einem bunten Seidenband hielt eine grobe Paketschnur alles zusammen. Sarah lächelte. Das konnte nur von Jenny sein, sie vergaß regelmäßig, Geschenkpapier zu besorgen. Inzwischen war das braune Packpapier fast zu ihrem Kennzeichen geworden. An dem Geschenk hing ein kleiner Brief. Sarah öffnete das Kuvert. *„Liebe Sarah, ich wünsche Dir alles*

Gute“, stand da in Jennys geschwungener Handschrift. *„Hoffentlich hast Du heute auch ohne mich einen tollen Tag – wir holen die Feier nächste Woche nach! Und dann können wir auch mal wieder ausführlich reden. Ich freue mich auf jeden Fall drauf. Alles Liebe, Jenny!*“

Sarah faltete den Brief wieder zusammen und steckte ihn zurück in das Kuvert. Sie freute sich über die Glückwünsche, aber Jenny schien tatsächlich nicht zu bemerken, dass etwas zwischen ihnen stand. Sie tat, als wäre alles wie immer. Warum kapierte sie nicht, dass Sarah ihre Schwärmerei für Marc echt störte? Kam sie gar nicht auf den Gedanken, dass Sarah vielleicht auch mal jemanden nett fand? Vor allem, wenn dieser Jemand so gut aussah wie Marc …

Sarah zog das Packpapier von Jennys Geschenk. Zum Vorschein kam ein schön gerahmtes Bild. Auf ihm sprang Sarah gerade mit Sascha über einen kleinen blau-weißen Oxer. Seine Mähne flatterte im Fahrtwind, seine Ohren waren gespitzt. Sarah sah ihr eigenes Gesicht. Sie strahlte – und dann fiel Sarah auch ein, wann dieses Bild wohl entstanden sein musste. Sie war ja bisher nur einmal in ihrem Leben mit Sascha gesprungen. Das war am Tag vor der Kolik gewesen. Damals hatte sie zusammen mit Anna, Solveig und Jenny eine Springstunde genommen, und keines der anderen Pferde hatte seine Sache so gut gemacht wie Sascha.

Sie seufzte. Davon war sie jetzt weit entfernt. Sie

traute sich ja nicht mal mehr auf ihrem Pony im Schritt ins Gelände.

Vorsichtig legte sie das Bild und den Brief zur Seite. Wer hatte damals eigentlich das Foto gemacht? Ihr war gar nicht aufgefallen, dass jemand eine Kamera dabei gehabt hatte. Sie musste Jenny unbedingt danach fragen – falls sie sich irgendwann mal wieder trafen …

Dann probierte sie Saschas neues Zaumzeug aus. Es stand ihm wirklich gut, sein kleiner Ponykopf mit der breiten Blesse wirkte richtig edel damit. Sarah starrte eine Weile nachdenklich auf den Sattel, bevor sie einfach nur die Zügel in die Hand nahm und loslief. Wenn das so weiterging, würde sie sich nie wieder auf Saschas Rücken trauen.

Mit Sascha im Schlepptau spazierte sie durch den Wald, während ihre Laune sich allmählich verdüsterte. Jenny musste doch merken, dass sie Probleme hatte. Eins mit Jenny und ihrer Freundschaft mit Marc, eins mit Sascha, eins mit Sandokan. Und an fast jedem Tag eins mit ihrer Mutter.

Als sie eine halbe Stunde später wieder zum Arnoldhof kam, fühlte sich der Tag nicht mehr so fantastisch an wie noch in der Früh. Sie nahm Sascha vorsichtig das Zaumzeug ab, rieb das neue Leder mit einem weichen Lappen sauber und streichelte dem Schecken noch einmal über den Kopf. Dann fuhr sie mit ihrem Fahrrad weiter zur Marienwaldklinik.

Der Stall der Klinik lag verlassen da. Sarah ging durch die leere Stallgasse. Aus den Boxen sahen ihr ein paar Pferde neugierig entgegen, andere dösten vor sich hin. Sandokan lag sogar schlafend auf der Seite. Ganz hinten fand sie Aquarius in einer Box. Offensichtlich hatte Frau Hoppe beschlossen, dass der Mond endlich günstig stand. Das Schild kündigte jetzt Aquarius' Operation für den nächsten Tag an. Hinter dem Befehl „Kein Futter!" hatte Peter drei Ausrufezeichen gemalt. Nein, heute war wirklich kein neuer Notfall gekommen.

Sarah lief weiter in das Empfangszimmer. Vielleicht war ja wenigstens Elsa da, mit der sie ein bisschen plaudern könnte. Als sie die Tür öffnete, hätte sie am liebsten auf dem Absatz kehrtgemacht. Ben. Er saß entspannt am Arbeitsplatz seiner Mutter. Seine Füße mit den abgetragenen Sneakers lagen auf dem Schreibtisch, er las in einem Buch.

Als Sarah die Tür öffnete, sah er auf. „Hi! Was treibt dich an diesem langweiligen Nachmittag in die Klinik? Willst du mal wieder mit deinen vierbeinigen Freunden reden?"

„Ich wollte nur mal kurz vorbeischauen", druckste Sarah herum. „Ich dachte, ich werde vielleicht noch gebraucht. Ein Notfall oder so."

Ben zog eine Augenbraue hoch. „Du kannst nicht mal einen einzigen Tag ohne diese ganzen kranken Pferde sein? Hast du kein anderes Hobby? Oder hast du keine Freunde?“ Er grinste. „Es ist dir vielleicht noch nicht aufgefallen, aber Menschen können auch ganz spannend sein.“

Sarah spürte, wie ihr fast die Tränen kamen. Nach dem Spaziergang mit Sascha war sie wirklich nicht in der Stimmung für einen weiteren Streit mit Ben. Sie wandte sich um. „Ich geh gleich wieder. Ich wollte dich nicht stören.“

Ben legte sein Buch weg. Zum ersten Mal verschwand sein spöttisches Grinsen aus seinem Gesicht. Er sah Sarah aufmerksam an. „Du störst nicht. Was ist denn los mit dir?“

Sarah winkte ab. „Das willst du doch nicht wirklich wissen, oder? Sorgen von kleinen Pferdemädchen sind nicht dein Ding, das habe ich inzwischen kapiert.“

Ben machte ausnahmsweise keinen dummen Witz. „Na ja, wenn du mir erzählen willst, dass es dir nicht gut geht, weil dein Pony dich heute abgeworfen hat, dann bin ich wahrscheinlich der Falsche. Aber über andere Sachen kann man sich mit mir schon unterhalten.“ Er machte eine Pause und strich sich seine langen Haare aus dem Gesicht.

Sarah stand an der Tür und zögerte. Sie wollte noch nicht nach Hause, sonst würde ihre Schwindelei von heute früh mit dem „viel zu tun in der Klinik“ auffliegen. Aber wollte sie sich hier mit Ben unterhalten? Zögernd setzte sie sich hin. Ohne Zusammenhang sagte sie plötzlich: „Ich habe heute Geburtstag.“

Ben sah sie überrascht an. „Und warum feierst du dann nicht? An seinem Geburtstag schleicht man doch nicht durch eine Pferdeklinik, in der sowieso nichts los ist. An so einem langweiligen Sonntag überlässt meine Mutter sogar mir das Telefon. Wo ist deine Geburtstagsparty? Luftschlangen, Torten und Flaschendrehen?"

Sarah sah ihm zum ersten Mal in die Augen. „Es gibt keine. Meine beste Freundin trainiert lieber mit Marc, als mit mir zu feiern." Der Satz klang beleidigter, als sie es beabsichtigt hatte. Hastig redete sie weiter. „Ich meine, das ist in Ordnung und so. Ich hatte mich auch vorher ein paar Tage nicht bei ihr gemeldet. Aber ich hab gedacht, Jenny würde wissen, dass ich heute Geburtstag habe …"

„Und warum hast du dich nicht früher bei ihr gemeldet?" Für einen Moment kam wieder der normale Ben zum Vorschein. Seine Mundwinkel verzogen sich spöttisch, als er weiterredete. „Ihr Mädchen quatscht doch sonst jeden Tag mehrere Stunden miteinander und macht jede Telefongesellschaft reich …"

Sarah zuckte mit den Schultern. „Kann schon sein, aber ich bin nicht so. Ich sehe Jenny ja eigentlich jeden Tag in der Schule und im Stall. Aber vor einer Woche hat sie Marc in der Klinik kennengelernt, und jetzt gibt es für sie kein anderes Thema mehr. Der tolle Marc, der so lieb zu seinem Pferd ist. Der mit ihr trainiert. Der Jenny zu einer Cola einlädt und sich mit ihr unterhält … Das ist echt anstrengend. Ich meine, Jenny hat zwar dauernd irgendwelche Jungs, die sie toll findet – aber jetzt nervt es!“

Ben schien das Problem nicht zu verstehen. „Hm, wenn es nicht das erste Mal ist, dass deine Freundin sich in irgendeinen Typen verknallt – warum ist es diesmal ein Problem?“

Sarah dachte nach. Ben hatte den Nagel auf den Kopf getroffen. Was war dieses Mal anders? Vorher gab es Oliver. Und Kevin. Und Max. Jenny schwärmte für irgendeinen Typen in der Schule und lag Sarah damit tagelang in den Ohren, bis sie sich das nächste Opfer suchte. Sarah hatte darüber immer gelacht und sich die Geschichten bereitwillig angehört. An ihrer Freundschaft mit Jenny hatte das nie etwas geändert. Bis jetzt.

Ben sah sie immer noch erwartungsvoll an.

Sarah würde ihm ganz sicher nichts von Marcs blauen Augen und seinem netten Lächeln erzählen, aber das war vielleicht auch gar nicht der Punkt. Zögernd begann sie zu reden. „Ich habe gedacht, meine Freundschaft mit Marc ist etwas Besonderes. Er hat mir stundenlang erklärt, wie das Pferdeflüstern funktioniert. Oder was er gerade mit einem Pferd macht. Und er hat mich immer ermutigt, dass ich Tiermedizin studieren soll.“ Sie lächelte Ben schief an. „Das ist so ein Traum von mir. Albern, ich weiß.“

Jetzt schüttelte Ben den Kopf. „Würde ich kaum sagen. Ich träume davon, Musiker zu werden, schon vergessen? Dagegen sind alle anderen Träume total realistisch." Er runzelte die Stirn, bevor er weitersprach. „Wenn ich das richtig verstehe, dann kommt dein Problem also eher daher, dass du das Gefühl hast, Jenny nimmt dir Marc weg?"

Sarah nickte langsam. Ja, so war es wohl. Sie hätte Marc am liebsten ganz für sich allein gehabt. Sie würde natürlich nie seine Freundin werden oder so was, aber trotzdem …

„Irgendwie schon", gab sie zu. „Ich wusste ja nicht mal, dass Marc ein Pferd hat! Und Jenny trainiert sofort mit ihm! Das ist doch unfair!"

„Weiß Jenny überhaupt, wie du dich fühlst? Hast du mit ihr mal darüber gesprochen?"

Sarah sah verlegen zur Seite. „Nein. Sie war so begeistert, da konnte ich ihr doch nicht sagen, dass Marc und ich auch irgendwie befreundet sind." Sie sah Ben nicht an, sie hatte zu viel Angst, dass er sie einfach auslachte.

Aber Ben blieb ganz ernst. „Und anstatt ihr zu sagen, wie du dich fühlst, hast du dich einfach nicht mehr gemeldet? Da darfst du dich eigentlich nicht wundern, wenn sie auch an deinem Geburtstag keine Zeit hat. Sie konnte doch nicht ahnen, dass sie da plötzlich wieder willkommen ist, oder?"

Sarah biss sich auf die Unterlippe. Von der Seite hatte sie das noch nicht gesehen. Und natürlich konnte Jenny auch nichts von ihren Schwierigkeiten mit Sascha ahnen. Sie hatte auch keine Ahnung, dass Sarah die Pflege von Sandokan wegen der Sache mit Marc verloren hatte.

Sarah ließ den Kopf hängen. „Wenn du recht hast, dann habe ich in den letzten sieben Tagen genug Mist gebaut für das ganze nächste Jahr."

Ben schüttelte den Kopf. „So schlimm ist es nun auch wieder nicht, das lässt sich schon irgendwie wieder einrenken", meinte er. „Du musst dich einfach mal bei Jenny melden und ihr sagen, was das Problem ist. Ihr müsst euch doch wegen Marc nicht streiten, oder? Er kann ja mit euch beiden befreundet sein. Bestimmt hat er von der miesen Stimmung zwischen euch noch gar nichts mitbekommen."

Sarah holte tief Luft. „Ja, schon möglich." Danach fiel ihr nichts mehr ein, was sie noch sagen könnte. Sie ärgerte sich über sich selbst. Jenny hatte immer einen lockeren Spruch auf den Lippen. Nur sie bekam einen Knoten in die Zunge, sobald sie irgendetwas Wichtiges sagen wollte.

Als das Schweigen lange genug gedauert hatte, stand Sarah auf. „Ich gehe dann mal. Ich muss langsam nach Hause." Nach einer kleinen Pause fügte sie leise hinzu: „Und vielen Dank."

Jetzt lachte Ben. Aber es war ein nettes Lachen. „Kein Problem. Wenn du mal wieder einen weisen Rat vom klugen Onkel Ben haben willst: Du weißt ja, wo du mich findest. Oder meine Mutter weiß es. Meistens wenigstens." Sarah winkte zum Abschied, als Ben ihr hinterherrief: „Sag mal, was machst du eigentlich Freitag in einer Woche?"

Sarah blieb stehen und drehte sich um. „Keine Ahnung. Wahrscheinlich helfe ich wieder hier in der Klinik."

„Vergiss wenigstens einmal die Pferde, der tolle Marc und Frau Wiegand kommen bestimmt auch mal ohne dich zurecht. Aber ich habe dir noch gar nichts zum Geburtstag geschenkt! Hast du nicht Lust, zu meinem nächsten Konzert zu kommen?" Zum ersten Mal wirkte Ben so, als ob er eine Absage fürchtete. Hastig redete er weiter. „Ist kein großes Ding. Wir spielen in der kleinen Mehrzweckhalle mit zwei anderen Bands. Aber vielleicht würde es dir ja Spaß machen …" Er sah Sarah fragend an.

Sie war völlig überrascht. Ben wollte ausgerechnet mit ihr zu einem Konzert? „Das ist doch nicht nötig", murmelte sie. „Du hast mir heute schon genug geholfen und …"

Ben ließ sie nicht ausreden. „Hey, ich lade dich nicht ein, damit du dich besser fühlst. Ich würde mich wirklich freuen, wenn du kommst. Überlege es dir einfach und ruf mich an. Okay? Ich gebe dir meine Handynummer."

Er kritzelte ein paar Zahlen auf ein Stück Papier, das er Sarah reichte. „Ich hoffe, ich höre von dir!"

Sarah nickte nur verwirrt. „Okay, danke!“ Dann verließ sie die Klinik. So hatte sie Ben noch nie erlebt. Offensichtlich war er doch nicht nur ein merkwürdiger Musikfreak, der nichts und niemanden ernst nahm.

9

Am nächsten Morgen wirkte die Klinik wie ausgewechselt. Wo gestern alles ruhig und verschlafen gewesen war, herrschte heute emsige Betriebsamkeit. Sarah hatte gestern direkt nach dem Gespräch mit Ben versucht, Jenny anzurufen, aber die war nicht ans Telefon gegangen. Ob sie gerade wieder Unterricht mit Marc hatte? Also hatte Sarah ihr Vorhaben auf den nächsten Tag verschoben. Sie wollte bei Jenny anrufen, wenn in der Klinik mal gerade nicht viel zu tun war. Aber damit war an diesem Vormittag nicht zu rechnen.

Als Sarah kam, untersuchte Dr. Wiegand gerade Aquarius. Sie sah besorgt aus. „Die Entzündung an seinem Zahn ist schlimmer geworden. Jetzt ist das Risiko bei der Operation größer, egal wie der Mond steht", erklärte sie Marc.

„Sollen wir die Operation verschieben?", wollte der Assistenzarzt wissen.

„Nein. Es wird ja nicht besser. Wir sollten uns freuen, dass er heute wenigstens mal wirklich nichts zum Frühstück gefressen hat." Sie wandte sich an Peter, der der Diskussion schweigend gefolgt war. „Bereite Aquarius bitte für die Operation vor. Ich möchte ihn in spätestens einer halben Stunde im Operationssaal haben."

Erst jetzt schien die Tierärztin Sarah zu bemerken. „Na, möchtest du diesmal bei der Operation zusehen und ein bisschen helfen?", fragte sie leichthin.

Sarah bekam große Augen. Das hatte sie noch nie gedurft. „Was kann ich denn dabei tun?"

„Es ist leider keine besonders schöne Aufgabe. Zahnoperationen bei Pferden sind oft ziemlich blutig. Ich brauche jemanden, der mir das Operationsfeld sauber hält."

Sarah hatte wenig Angst vor Blut oder Wunden. Seit sie in der Marienwaldklinik arbeitete, hatte sie schon einiges gesehen und dabei festgestellt, dass sie nur bei ihrem eigenen Pony schrecklich empfindlich war. Bei fremden Pferden stand für sie im Vordergrund, dass sie ihnen helfen konnte. Da war es nicht schlimm, wenn es mal blutig wurde.

Nur wenig später stand sie neben Dr. Wiegand im Operationssaal. Wie die Ärztin trug sie einen langen Kittel, einen Mundschutz und sterile Handschuhe. Zu ihrer Überraschung sollte der Zahn nicht durch das Maul, sondern direkt von außen durch die Backe entfernt werden. Die Tierärztin arbeitete konzentriert, während sie Sarah erklärte, was sie gerade machte. „Die Backenzähne von Pferden haben unglaublich kräftige Wurzeln. Also können wir so einen Zahn nicht einfach mit einer Zange ziehen, wie ein Zahnarzt bei uns Menschen. Wir müssen von der anderen Seite kommen und den Zahn herausmeißeln. Wie ich dir schon angekündigt habe: eine reichlich blutige Angelegenheit. Aber mit diesem entzündeten Zahn würde Aquarius nicht alt werden."

Nach dieser Erklärung beugte Dr. Wiegand sich über den Kopf von Aquarius und bearbeitete seinen Kiefer mit einem kleinen Meißel. Wie sie angekündigt hatte, musste Sarah immer wieder die Wunde abtupfen, damit die Tierärztin eine gute Sicht behielt. Plötzlich entfuhr der Tierärztin ein Fluch. „Verdammt, wo kommt die denn jetzt her?"

Sarah hatte noch nie erlebt, dass die Ärztin nervös wurde. Was war wohl passiert?

Wenig später lag der Zahn in zwei Teile gebrochen in einer Metallschale neben dem Operationstisch. Die Tierärztin zog die Haut über der Wunde zusammen und machte mit kleinen Stichen eine feine Naht. „Hoffentlich hält das", murmelte sie dabei.

Marc, der sich um die Narkose kümmerte, sah seine Chefin aufmerksam an. „Was ist passiert? Irgendwas nicht in Ordnung?"

Dr. Wiegand schüttelte verärgert den Kopf. „Ich habe eine Ader im Gaumendach verletzt. Eine blöde Stelle, ich kann das nicht ordentlich zunähen. Hoffentlich geht die Ader nicht wieder auf, wenn Aquarius nach der Operation aufsteht." Sie trat einen Schritt zurück und sah das schlafende Pferd auf dem

OP-Tisch an. „Gut, mehr können wir im Moment nicht tun. Bringt ihn in die Aufwachbox." Sie sah auf die Uhr und wandte sich dann an Sarah. „Du bist heute mit Peter alleine hier in der Klinik. Marc und ich müssen zu ein paar dringenden Fällen außerhalb. Wir bleiben noch, bis Aquarius steht. Wenn danach irgendetwas mit ihm sein sollte, ruft mich sofort an. In Ordnung?"

Sarah nickte. Pferde waren nach einer Operation normalerweise pflegeleicht. Sie dösten den Rest des Tages und erholten sich nur langsam.

Als sie später mit Elsa im Labor eine Liste aller vorhandenen Medikamente aufstellte, kam Dr. Wiegand noch einmal zu ihr. „Aquarius ist jetzt aufgestanden. Leider hat sich dabei die Ader wieder geöffnet. Behaltet ihr das bitte im Auge? Ich hoffe, die Ader verschließt sich von selber. Wenn nicht …" Sie beruhigte sich selbst. „Ach was, das wird schon werden."

Damit verschwanden die beiden Tierärzte, Sarah war mit Elsa und Peter allein. Sie misteten die Boxen aus, dann longierte Peter Sandokan. Sarah sah ihm eine Weile zu, bevor sie mit Elsa im Labor weiter Spritzen und Medikamente zählte. Nach einer halben Stunde ging sie zu Aquarius' Box. Der Wallach stand reglos da, genau an der Stelle, wo Marc und Dr. Wiegand ihn hingeführt hatten. Er hielt den Kopf tief. Aus seiner Maulspalte kam Blut. Sarah wurde bleich. Es tropfte nicht etwa, sondern lief in einem stetigen

Strahl. Die Sägespäne vor ihm glänzten dunkel und feucht.

Sarah griff nach dem Handy und wählte mit fliegenden Fingern die vertraute Nummer der Klinikchefin. Sie meldete sich nach dem zweiten Klingeln. „Wiegand."

Sarah schilderte ihr, was sie sah. „Ich glaube, er verliert viel Blut!"

Sie hörte die Sorge aus der Stimme der Tierärztin, als sie antwortete. „Ich muss wissen, wie viel Blut Aquarius wirklich verliert. Halte einen Messbecher unter sein Maul und rufe mich in fünfzehn Minuten wieder an." Beruhigend fügte sie hinzu: „Das sieht oft schlimmer aus, als es wirklich ist. Ein Pferd kann zehn Liter Blut verlieren, bevor wir uns Sorgen machen müssen. Bleibe also erst mal ruhig." Damit verabschiedete sie sich.

Sarah rannte ins Labor, in dem Elsa immer noch über ihren Listen brütete. „Aquarius verliert ganz viel Blut!", rief sie aufgeregt. „Wir sollen messen, wie viel genau!"

Elsa öffnete einen kleinen Schrank und nahm einen Messbecher heraus. „So schlimm wird es schon nicht sein!", meinte sie, bevor Sarah mit dem Messbecher wieder im Stall verschwand.

Sarah streichelte Aquarius' Hals, während sie ihm den Messbecher vor die Schnauze hielt. Unglaublich, wie schnell sich der kleine Behälter füllte.

In der Zwischenzeit kam Peter mit Sandokan vom Platz zurück. Er hielt vor Aquarius' Box an und spähte hinein. „Hat es nicht aufgehört?", fragte er knapp.

„Nein. Ich habe schon mit Dr. Wiegand telefoniert. Ich soll messen, wie viel Blut er tatsächlich verliert."

Peter nickte. „Mach das. Gib mir Bescheid, wenn du fertig gemessen hast." Die Viertelstunde fühlte sich wie eine kleine Ewigkeit an. Sarah sah auf die kleinen Messstriche. Sie holte tief Luft. 250 ml. Das bedeutete, dass Aquarius in einer Stunde einen ganzen Liter Blut verlor. Sie lief zu Peter. „Er verliert einen Liter pro Stunde!", rief sie. Peter sah besorgt zu dem Wallach in die Box. „Ruf Bettina an", entschied er. „Und mach schnell!"

Sarah hatte das Handy sowieso schon in der Hand und schilderte der Tierärztin, wie es um Aquarius stand.

„Beobachtet ihn weiter, ruft mich jede Stunde an!", lautete ihre Anweisung, die Sarah direkt nach dem Telefonat an Peter und Elsa weitergab.

Sie kümmerten sich um die anderen Patienten in der Klinik, die heute bis zur letzten Box besetzt war. Sarah kochte Mash, führte ein paar Pferde im Hof spazieren oder brachte sie auf das Laufband, legte Bandagen an und half Peter beim Verbandswechsel. Wann immer sie ein paar Minuten Zeit hatte, lief sie zu Aquarius. Zu allem Überfluss tauchte am Nachmittag auch noch Frau Hoppe auf. Peter und Elsa hatten

Sarah vorher eingeschärft, dass die Besitzerin nicht merken durfte, wie es um ihren Wallach stand. Elsa hatte Sarah extra noch mal zur Seite genommen. „Natürlich hat Frau Hoppe erst durch ihre idiotische Mondgeschichte die Sache so schwer für Aquarius gemacht. Aber sie hat einen großen Stall, wir haben da viele Patienten. Wir können es uns nicht leisten, so einen Kunden zu verlieren. Also: Benimm dich, als wäre alles wunderbar und Frau Hoppe deine beste Freundin. In Ordnung?“

Sarah hatte verstanden, auch wenn es ihr schwer fiel, die rothaarige Frau mit den klappernden Amuletten wenig später freundlich zu begrüßen.

Als sie in die Stallgasse kam, hörte sie, wie Peter der Besitzerin gerade erklärte, dass bei Zahnoperationen ein gewisser Blutverlust leider unvermeidlich war. „Sie müssen sich da wirklich keine Sorgen machen!“, versprach er.

Frau Hoppe sah erleichtert aus. „Das beruhigt mich. Es wäre natürlich schrecklich, wenn jetzt auch noch die Sterne gegen ihn wären, nicht war?“ Sie war offensichtlich sehr zufrieden mit ihrer Entscheidung. „Und gegen die Schmerzen habe ich ihm Aspirin gegeben, ich dachte mir, dass es bei Pferden genauso wirkt wie bei uns Menschen.“

Nur Sarah sah, dass Peter bei diesem Satz zusammenzuckte. Frau Hoppe plapperte fröhlich weiter. Sie wollte sich schon verabschieden, als Peter möglichst beiläufig nachfragte: „Und wie viel Aspirin haben Sie ihm genau gegeben?“

Frau Hoppe hielt kurz inne. „Vier oder fünf Tabletten. Ich dachte mir, dass ein so großes Pferd sicher ordentlich was verträgt. Oder etwa nicht?“

Peter zwang sich zu einem Lächeln. „Das ist bei Pferden ein bisschen anders. Künftig sollten sie nur etwas füttern, nachdem sie mit dem Tierarzt gesprochen haben. Aspirin …“ Er brach mitten im Satz ab, murmelte etwas Unverständliches und verabschiedete sich schnell von der Pferdebesitzerin.

Kaum war Frau Hoppe aus dem Stall gerauscht, wandte Sarah sich an Peter. „Was ist mit Aspirin?“

Peter kratzte sich an seinem kurz geschorenen Kopf. „Es verdünnt das Blut. Jetzt haben wir ein echtes Problem.“ Damit ging er ins Empfangszimmer zum Telefon. Sarah hörte, wie er Dr. Wiegand die Sache mit den Tabletten erklärte. Sie hätte sich ohrfeigen können. Wahrscheinlich hatte sie diese Mondtante erst auf die Idee mit den Tabletten gebracht, als sie damals etwas von Kopfschmerztabletten gesagt hatte! Sarah schwor sich, künftig ihre Klappe zu halten.

Als Peter zurückkam, winkte er Sarah zu sich. „Wir holen Jack.“

Sarah sah den Pfleger verwirrt an. „Jack?“

„Ja. Das ist das Quarter Horse von Bettina. Er steht in der Nähe auf der Koppel und genießt sein Gnadenbrot. Er darf den lieben langen Tag Gras fressen, dafür dient er uns als Blutspender. Keine Angst, das ist für ihn nicht schlimm", fügte er hinzu, als er Sarahs befremdeten Gesichtsausdruck bemerkte.

Sarah half Peter, den Pferdehänger an seinen Jeep zu koppeln, und kletterte dann auf den Beifahrersitz.

„Dr. Wiegand hat ein eigenes Pferd?", fragte sie nach.

Peter nickte. „Den hat sie während ihres Studiums regelmäßig geritten. Erst als sie die Klinik übernommen hat, musste sie das Reiten aufgeben, sie hat einfach keine Zeit mehr. Damals hat sie Jack auf die Koppel gestellt. Und seitdem hat er ein paar Mal im Jahr einen Job als Blutbank."

„Kennen Sie Frau Wiegand noch aus dieser Zeit?", fragte Sarah neugierig.

Peter schüttelte den Kopf. „Nein. Ich bin erst seit letztem Jahr in der Klinik."

Sarah wollte schon fragen, was Peter vorher gemacht hatte, aber er guckte schon wieder so grimmig, dass sie sich die Frage lieber verkniff.

Während der Jeep über eine schmale Straße rollte, dachte Sarah weiter über Jack nach. „Haben Pferde keine Blutgruppe?", fragte sie schließlich. Sie erinnerte sich daran, dass sie in Biologie gelernt hatte, dass man nicht einfach jedem jedes Blut geben durfte.

Peter nickte. „Doch, haben sie schon. Aber bei der ersten Transfusion gibt es keine Probleme. Das Immunsystem reagiert erst beim zweiten Mal auf das fremde Blut. Und mach dir erst mal keine Sorgen: Wir holen Jack nur als Vorsichtsmaßnahme. Ich glaube nicht, dass wir seine Dienste wirklich brauchen."

Wenig später erreichten sie einen unscheinbaren Offenstall. Ein paar freundliche ältere Pferde sahen ihnen mit gespitzten Ohren entgegen. Neben den Warmblütern erkannte Sarah Jack sofort. Er sah aus wie ein Quarter Horse aus dem Lehrbuch: stämmig, klein, quadratisch und trotz seines Alters muskelbepackt. Der kleine Fuchs schien den Hänger der Klinik zu kennen. Er wieherte seinen Besuchern entgegen und ließ sich ohne Probleme aufhalftern. Willig lief er die Rampe hinauf.

Peter grinste. „Wenigstens einer, der weiß, was er tut."

Damit machten sie sich wieder auf den Rückweg. Als sie Jack ausluden, erkannte Sarah Dr. Wiegands blauen Kombi vor der Klinik. Hoffentlich fiel ihr etwas ein, wie sie Aquarius' Blutung stoppen konnten!

Als Sarah in den Stall kam, standen Marc und Dr. Wiegand schon bei dem Wallach in der Box. Sie winkten Sarah zu sich.

„Ist Jack schon da?", fragte die Tierärztin.

Sarah nickte. „Ja, aber wir haben keine Box mehr frei. Ich kann ihn doch nicht einfach auf dem Hänger stehen lassen, oder?"

„Nein, das hat der alte Knabe nicht verdient. Bring ihn auf die Koppel, da kann er noch etwas grasen."

Dr. Wiegand warf einen Blick auf die Tafel an der Wand. Hier standen alle Pferde säuberlich aufgelistet, hinter jedem Pferd die Fiebertemperatur und die Medikamente, die es bekam. „Elsa soll die Besitzerin von dem Norweger anrufen. Der kann nach Hause gehen, ich hätte ihn sowieso morgen entlassen. Ihr könnt dann die Box für Jack herrichten."

Dr. Wiegand wandte sich wieder Aquarius zu. „Er steht so seit heute Vormittag?"

Sarah hob die Schultern. „Ja. Ich habe ihn regelmäßig angeschaut, aber er rührt sich nicht."

Marc mischte sich ein. „Kann man die Ader nicht einfach zunähen? Oder zuklammern?"

Die Tierärztin presste die Lippen zusammen. „Wenn das gehen würde, hätte ich es schon gemacht. Nein, ich habe die Ader während der OP heute Morgen zugenäht. Die Naht hat nicht gehalten. Um das noch einmal zu versuchen, müsste ich ihn wieder in Narkose legen. Das würde er kaum überleben." Sie fügte mit bitterem Unterton hinzu: „Egal, wie seine Sterne gerade stehen …"

Marcs Stimme klang ungläubig. „Aber wir können doch jetzt nicht einfach zusehen, wie er allmählich verblutet?"

„So schnell verblutet ein Pferd nicht. Und dann haben wir immer noch Jack hier. Aber vielleicht kommt die Blutung ja auch einfach so zum Stillstand."

Peter hatte bisher schweigend zugehört. Jetzt räusperte er sich. „Ich weiß ja nicht, ob das eine gute Idee ist. Aber … auf der Rennbahn haben wir den Pferden bei kräftigen Blutungen oft ein wenig Beruhigungsmittel gegeben. Das senkt den Blutdruck, hin und wieder reicht das, um eine Blutung zum Stillstand zu bringen."

Dr. Wiegand sah ihren Pfleger überrascht an. Dann erwiderte sie: „Das könnte sogar funktionieren. Ist zwar nicht ganz nach den Regeln der Schulmedizin, aber wenn wir vorsichtig sind, könnten wir damit Glück haben." Sie sah Marc an. „Was denkst du? Wie viel Beruhigungsmittel können wir ihm geben, ohne dass er uns umkippt?"

Marc runzelte die Stirn. „Wir könnten es mit der halben Dosis probieren. Soll ich die Spritze holen?"

Dr. Wiegand nickte. „Leg ihm am besten gleich einen ordentlichen Zugang in die Vene, damit wir im Zweifelsfall für Jacks Einsatz gleich eine Kanüle haben."

Marc stach die Kanüle schnell und geschickt in Aquarius' Hals. Mit einem Klebstreifen sorgte er dafür, dass sie nicht verrutschen konnte. Dann spritzte er das Beruhigungsmittel. Zu Sarah sagte er: „Du bleibst hier in der Box bei Aquarius. Wenn sich irgendetwas ändert, rufst du sofort nach uns, verstanden?"

Sarah nickte. „Mach ich!"

Damit verschwanden Marc und die Tierärztin im

Labor. Die Klinik war voll, es gab jede Menge zu tun. Aus dem Augenwinkel beobachtete Sarah, wie die Besitzerin des Norwegers kam, um ihr Pferd einen Tag früher als erwartet abzuholen. Sie war überglücklich, dass sich ihr Liebling so schnell erholt hatte. Gut, dass die Frau keine Ahnung hatte, warum ihr Pony heute schon nach Hause durfte … Peter mistete die leere Box aus und streute sie frisch ein. Jack stapfte selbstbewusst in den Klinikstall. Er fühlte sich offensichtlich hier zu Hause.

Eine halbe Stunde verging, in der Aquarius' Zustand sich nicht veränderte. Sarah streichelte ihm den Hals und redete leise mit ihm, um sich nicht ganz so hilflos zu fühlen.

Ihre Gedanken schweiften ab. Heute kam sie wohl wieder nicht dazu, Jenny anzurufen. Hoffentlich war ihre Freundin nicht ernsthaft sauer. Sarah war immer noch überrascht, wie nett Ben gestern gewesen war. Vielleicht war er ja doch nicht das Ekelpaket, für das sie ihn immer gehalten hatte? Eigentlich sah er mit seinen trainierten Armen und den halblangen Haaren gar nicht schlecht aus.

Gedankenverloren spielte Sarah mit Aquarius' Mähne. Sie wusste gar nicht, was für ein Instrument Ben spielte. Sie ärgerte sich über sich selbst. Da hörte Ben ihr stundenlang zu, und ihr kam nicht mal in den Sinn zu fragen, was für ein Instrument er spielte. Oder welche Art von Musik seine Band machte. Sie versuchte sich einen Stil vorzustellen, der zu Ben passte. Hip-Hop? Sie schüttelte den Kopf. Jazz? Sie verzog das Gesicht. Hoffentlich nicht. Rock? Ja, das könnte hinkommen. Sie beschloss, ihn beim nächsten Mal unbedingt danach zu fragen.

In dieser Sekunde knickte Aquarius mit seinen Vorderbeinen ein. Mit einem lauten Ächzen folgten die Hinterbeine – und plötzlich lag der Wallach in den Sägespänen. Sarah stürzte auf die Stallgasse und rannte ins Labor. „Aquarius hat sich hingelegt!", rief sie.

Marc, der gerade in ein Mikroskop geguckt hatte, sprang auf.

Auch Dr. Wiegand war schon an der Tür. Gemeinsam liefen sie zurück in Aquarius' Box. Der Wallach ruhte jetzt mit halb geschlossenen Augen. Dr. Wiegand beugte sich vor und fühlte seinen Puls. „Ist noch in Ordnung. Marc, du sieht jetzt alle fünfzehn Minuten nach ihm und misst seinen Puls. Sarah, du bleibst bitte weiter bei ihm." Damit verschwanden die beiden Tierärzte wieder.

Sarah setzte sich zu Aquarius in die Späne. Draußen wurde es allmählich dunkel. Die letzten Besucher verließen die Marienwaldklinik. Peter machte die Abendfütterung und sah kurz in die Box. „Tut sich was?", fragte er in seiner brummigen Art. Sarah schüttelte nur den Kopf.

Marc kam immer wieder vorbei, aber auch er konnte keine Veränderung feststellen. Sarah streichelte

Aquarius weiter den Hals, als sie plötzlich merkte, dass aus seinem Maul nur noch Tropfen kamen. Der Strahl war versiegt! Noch während sie auf das Maul des Wallachs starrte, um sicherzugehen, dass sie sich nicht täuschte, hörte die Blutung ganz auf. Sarah streichelte dem dösenden Braunen noch einmal über den Hals und stand vorsichtig auf. Sie schob sich aus der Box und lief in das Labor, in dem Marc immer noch arbeitete. Als er aufsah, zeigte Sarah ihm den nach oben weisenden Daumen. „Es hat aufgehört! Gerade eben!"

Marc sprang auf und folgte ihr in den Stall. Er fühlte noch einmal Aquarius' Puls und nickte dann. „Peters Trick scheint funktioniert zu haben", sagte er. „Was für ein Glück!" Er stand auf und lächelte Sarah an. Wieder einmal bemerkte sie die Fältchen neben seinen Augen. „War ein anstrengender Tag für dich. Schau, dass du nach Hause kommst. Ich übernehme heute die Spätschicht."

Sarah zögerte. „Kann ich dich denn einfach allein lassen?"

Marc lachte. „Aber sicher. Ich bin hier schließlich der Tierarzt. Du kannst ja morgen den Spätdienst übernehmen, wenn es nicht mehr gar so schlecht um unser Sorgenkind hier steht."

Sarah nickte so eifrig, dass ihre roten Locken flogen. „Klar, mache ich gerne!" Sie drehte sich um und winkte nur noch einmal zum Abschied, bevor sie sich auf ihr Fahrrad schwang.

Wenig später öffnete sie zu Hause die Haustür. Im Wohnzimmer saßen ihre Eltern zusammen. Helga Stürmer begrüßte ihre Tochter mit einem unterkühlten Ton. „Hast du mal auf die Uhr gesehen? Findest du es nicht ein wenig spät?"

Sarah grinste ihre Mutter an. „Ich bin doch jetzt fünfzehn. Darf ich da nicht länger aufbleiben?" Sie sah ihre Mutter bittend an. „Nur ein kleines bisschen?"

Ihre Mutter ließ sich von ihrer guten Laune anstecken. „Na gut. Aber gib uns vorher Bescheid, wenn es später wird, okay?"

Sarah hob die Hände. „Versprochen! Morgen komme ich noch etwas später als heute, da werde ich den Spätdienst in der Klinik übernehmen …"

Auf Helga Stürmers Stirn bildete sich eine steile Falte. „Schon wieder in der Klinik? Sarah, ich weiß, dass ich mich wiederhole: Aber es gibt ein Leben außerhalb der Klinik und ohne Pferde! Du willst doch nicht etwa dein ganzes Leben nur nach diesen Viechern ausrichten …" Sie sah ihre Tochter bittend an. „Ich möchte doch nur, dass du auch ein bisschen Spaß hast. Du bist einfach oft zu ernst."

Sarah wusste, dass sie einen echten Trumpf im Ärmel hatte. Wenn es ihrer Mutter so wichtig war, dass sie auch andere Sachen unternahm: Bitteschön!

„Ich habe auch schon einen zweiten Abend, an dem ich länger weg bin. Freitag nächste Woche wird es sicher später. Da gehe ich zu einem Konzert von Ben!"

Die Augen ihrer Mutter begannen zu funkeln. „Ben? Konzert? Wer ist der junge Mann? Und seit wann interessierst du dich für Musik?"

Sarah zuckte ein wenig verlegen mit den Schultern. Sie hatte Ben ja noch nicht mal zugesagt. Hoffentlich stand seine Einladung noch! „Ben ist der Sohn von Elsa, der Frau am Empfang, die du ja schon kennengelernt hast. Er ist Musiker und hat mich zu seinem nächsten Konzert eingeladen. Das ist alles."

„Ist er denn nett?" Offensichtlich war Ben ein spannenderes Thema als Pferde.

„Klar, sonst würde ich wohl kaum auf sein Konzert gehen!"

Sarahs Mutter sah sie verständnisvoll an. „Du musst mir nicht alles erzählen. Aber neugierig bin ich schon. Wann bekommen wir diesen Ben denn mal zu Gesicht? Und wie alt ist er?"

„Mama! Ich gehe nur in sein Konzert. Kein Grund, ihn sofort nach Hause einzuladen, oder?"

Helga Stürmer winkte ab. „Hast recht, alles zu seiner Zeit. Hast du noch Hunger? In der Küche stehen noch Reste, die kann ich dir warm machen."

Sarah nickte und verschwand in der Küche, bevor ihre Mutter noch weitere neugierige Fragen stellen konnte. Während sie sich eine Scheibe von dem kalten Braten absäbelte, griff sie nach ihrem Handy. Sie wollte Ben sofort eine SMS wegen des Konzerts schreiben. Das Display zeigte einen entgangenen Anruf an. Jenny. Sarah hatte sofort ein schlechtes Gewissen. Sie nahm sich fest vor, morgen bei Jenny anzurufen. Dann tippte sie die SMS an Ben. „Freu mich auf dein Konzert! Sarah."

10

Am nächsten Nachmittag fuhr Sarah nach einem ausgiebigen Spaziergang mit Sascha mit dem Fahrrad direkt zur Marienwaldklinik. Das Wetter war mehr als ungemütlich. Ein eiskalter Wind peitschte dicke Regentropfen durch die Luft. Sarah hatte am Morgen das erste Mal wieder ihre warme Regenjacke aus dem Keller geholt. Der Wetterbericht verhieß keine Besserung. Eher das Gegenteil – da war die Rede von Herbststürmen. Sarah stemmte sich auf ihrem Rad gegen den Wind. Wenn das heute Abend noch schlimmer werden sollte, mussten ihre Eltern sie nach dem Spätdienst abholen.

Während sie ihr Fahrrad vor der Klinik absperrte, kam Frau Hoppe mit ihrem Auto auf den Hof gefahren. Sarah stöhnte leise auf. Hoffentlich bemerkte die Sternentante sie nicht. Sie hoffte vergeblich. Ihre leuchtend rote Jacke war allerdings auch schwer zu übersehen. Frau Hoppe kam sofort zu Sarah und streckte ihre beringte Hand aus. „Ich habe ganz vergessen, dir zu gratulieren! Du hattest doch vorgestern Geburtstag, nicht wahr?“

Sarah nickte ergeben. „Ja, stimmt. Vielen Dank, das ist nett!“

Frau Hoppe zog aus ihrer Handtasche ein paar Zettel, während sie an Sarahs Seite in den Klinikstall ging. „Ich konnte gestern nicht schlafen, weil ich mir wegen Aquarius so viele Sorgen gemacht habe. Da habe ich einfach mal ein Horoskop für dich erstellt." Frau Hoppe strahlte Sarah an. Sie fand offensichtlich, dass ihr eine tolle Überraschung gelungen war.

Sarah bemühte sich, ein wenig Interesse zu heucheln, während sie über Frau Hoppes Schulter zu Aquarius' Box hinüberspähte.

Frau Hoppe merkte nichts und plapperte weiter, während sie mit Sarahs Horoskop herumwedelte. „Die Sterne sind ganz eindeutig: Du hast ein wunderbares Jahr vor dir! Dein Freund wird dich auf Händen tragen …"

„Schade, dass ich keinen Freund habe", unterbrach Sarah die begeisterte Hobby-Astrologin. Die ließ den Einwand nicht gelten. „Das kann ja ganz plötzlich kommen. Und dann wird alles wunderbar. Du wirst schon sehen."

Sarah nickte und deutete dann auf Aquarius' Box. „Ich wollte erst mal nach Ihrem Pferd sehen, bevor ich mich um mein Horoskop kümmere."

Frau Hoppe guckte schuldbewusst. „Ja, richtig. Mein armer Liebling. Wie geht es ihm denn?"

Sarah warf einen Blick auf die Tafel an der Wand. Der Braune hatte seit dem Morgen kein Fieber mehr gehabt und sollte normal gefüttert werden. Das konnte eigentlich nur bedeuten, dass er die Nacht gut überstanden hatte und über den Berg war.

Sie sah in die Box. Aquarius stand ruhig da. Er sah müde aus und hatte einiges Gewicht verloren – aber sonst schien es ihm gut zu gehen. Sie lächelte Frau Hoppe an. „Es ist alles in Ordnung. Jetzt muss er sich noch ein paar Tage erholen, dann können Sie ihn wieder mitnehmen. Wollen Sie mit Dr. Wiegand oder unserem Assistenzarzt sprechen?"

Frau Hoppe lehnte ab. „Nein, nein. Ich habe ja schon gestern gehört, dass es keine Probleme gibt. Ich kann mich da sicher auf dein Urteil verlassen." Sie lächelte. „Ich wusste einfach, dass ich recht hatte, als ich die Operation verschoben habe ..."

Sarah musste sich diesmal sehr anstrengen, um so etwas wie ein Lächeln zustande zu bringen. „Na ja, eine frühere Operation wäre für Aquarius sicher leichter gewesen. Wenn Sie mich jetzt entschuldigen würden – ich habe noch viel zu tun."

Frau Hoppe drückte ihr zum Abschied das ausgedruckte Horoskop in die Hand. „Ich wollte dich nicht von der Arbeit abhalten. Lies das einfach mal, wenn du Zeit hast. Das kann einem wirklich helfen!" Damit winkte Frau Hoppe noch einmal und verschwand aus dem Stall.

Sarah blieb für einen Moment bewegungslos mit den Zetteln in der Hand stehen. Diese Frau hörte einfach nicht zu. Hauptsache, ihre Sterne standen richtig, ansonsten schien sie nichts zu interessieren. Noch während sie überlegte, was sie als Erstes in Angriff nehmen sollte, klingelte ihr Handy.

Ben war dran und hielt sich nicht lange mit Vorreden auf. „Finde ich cool, dass du am Freitag kommst. Leider kann ich dich nicht abholen, ich bin schon den ganzen Nachmittag in der Halle, wegen Soundcheck und so. Aber ich hab dem Mädel an der Kasse Bescheid gegeben, dass sie dich durchlassen soll. Ist das in Ordnung?“

Sarah brachte nur ein „Ja, sicher“ raus. Vielleicht war ja jetzt ein guter Zeitpunkt, um zu fragen, was für Musik Ben eigentlich machte. Aber das war auch dämlich, fand Sarah. Sie konnte doch nicht für ein Konzert zusagen, bei dem sie nicht mal wusste, was da gespielt wurde …

Ben schien ihre Einsilbigkeit nicht weiter zu stören. Er redete gleich weiter. „Hast du jetzt eigentlich die Sache mit deiner Freundin geklärt? So was wird nicht besser, wenn man lange wartet!“

Sarah räusperte sich. „Nein, noch nicht, aber ich melde mich ganz bestimmt bei ihr. Ehrlich, ich habe es nicht vergessen oder so. Aber gestern war hier in der Klinik so viel los, da bin ich einfach nicht dazu gekommen.“

Bens Stimme bekam wieder den leicht spöttischen Ton, den Sarah schon kannte. „Okay, aber Einlass zu meinem Konzert gibt es erst, wenn du dich vorher mit

Jenny ausgesprochen hast, okay? Ich muss jetzt los."

Noch bevor Sarah sich bedanken konnte, klickte es. Sie sah verwirrt auf ihr Handy. Von ausschweifenden Begrüßungen und Verabschiedungen schien Ben ja nicht viel zu halten.

Sie zuckte mit den Schultern und ging ins Empfangszimmer. Elsa wusste sicher, was heute zu tun war. Und einen Kaffee gab es bei ihr auch.

Wenig später saß sie an Elsas Seite mit einem Stapel Rechnungen, die alle gefaltet und in Briefkuverts gesteckt werden mussten. Eigentlich war das genau die Arbeit, die Sarah in der Klinik am wenigsten mochte. Aber da draußen das Wetter immer ungemütlicher wurde, war Sarah ganz froh, dass sie heute hier im Warmen saß und mit Elsa über die Patienten plaudern konnte. Wie sie angenommen hatte, war Aquarius zwar noch geschwächt, aber außer Gefahr. „Bettina möchte trotzdem, dass du heute Abend den Spätdienst übernimmst. Sie will Aquarius unter Beobachtung halten."

Sarah klebte gerade ein Kuvert zu. „Kein Problem, ich habe meinen Eltern schon gesagt, dass es heute später wird."

Elsa war neugierig. „Und – da gab es keinen Ärger zu Hause?"

Sarah zog eine Grimasse. „Natürlich gab es Ärger. Ich habe keine Ahnung, was meine Mutter an der Arbeit hier in der Klinik stört, aber sie hätte es anscheinend wirklich lieber, wenn ich jeden Abend mit meinen Freundinnen irgendwo ‚Spaß haben' würde. Sie hat Angst, dass ich hier meine Jugend vergeude. Oder so ähnlich."

Elsa strich sich eine Haarsträhne hinters Ohr. „Ich sollte mich mal mit deiner Mutter unterhalten. Wir könnten Kinder tauschen. Ich nehme dich und bin glücklich, dass du ein Ziel im Leben hast. Und sie darf dafür Ben haben, der in jeder Sekunde darauf achtet, dass er Spaß hat. Irgendwelche ernsthaften Gedanken habe ich bei ihm noch nicht bemerkt."

„Aber er hat doch ein Ziel. Er will Musiker werden", verteidigte Sarah Ben. „Das ist auch nicht viel verrückter als Fachtierärztin für Pferde werden zu wollen."

Elsa sah Sarah überrascht an. „Was ist denn mit dir passiert? Seit wann hast du Verständnis für meinen missratenen Sohn?"

Sarah wurde rot. „Ich habe mich am Sonntag mit ihm unterhalten. Ich finde, er nimmt seine Karriere als Musiker ziemlich ernst."

Elsa schüttelte den Kopf und wandte sich dem nächsten Stapel Rechnungen zu. Die nächste Stunde redeten sie nicht mehr über Ben. Oder über große und kleine Ziele im Leben.

Es wurde allmählich Abend, und Dr. Wiegand und Marc kamen von ihrer Runde durch die Ställe zurück. Sie machten noch einen Besuch im Klinikstall und verabschiedeten sich dann. Sarah ging alleine in den Stall zurück. Normalerweise war in der Marienwaldklinik selten ein Spätdienst nötig. Immerhin wohnte die Tierärztin direkt über dem Stall, und Peter lebte nebenan in einer kleinen Wohnung. Aber an diesem Abend war Frau Wiegand zu einem Abendessen verabredet, und Peter hatte frei.

Sarah machte es sich in einer Ecke auf zwei Strohballen gemütlich. Aquarius mahlte auf seinem Heu, und auch alle anderen Pferde machten einen zufriedenen Eindruck.

Sie nahm ihr Handy in die Hand und überlegte einen Moment lang, ob sie Jenny anrufen sollte. Was sollte sie nur sagen? „Entschuldige, dass ich mich erst jetzt melde, aber ich habe mich darüber geärgert, dass du dich mit Marc so gut verstehst!" Das klang total bescheuert! Sie sah ratlos ihr Handy an. Und steckte es schließlich wieder weg.

Der Regen prasselte weiter auf das Stalldach, aber jetzt hörte sie weit entfernt auch noch Donnergrollen. Der Wind wurde stärker und heulte um den Stall. Der Wetterbericht schien recht zu behalten. Heute Abend wurde es wohl richtig ungemütlich.

Sarah drehte eine Runde durch den Stall. Alle Pferde standen ruhig da, nur Sandokan war hellwach. Unruhig lief er durch seine Box.

Sarah runzelte die Stirn. Vielleicht wurde es dem Fuchs ja langweilig hier in der Klinik? Er war immerhin schon über eine Woche hier und wurde nicht wie sonst trainiert.

In dieser Sekunde zuckte ein Blitz über den Himmel, dem fast zeitgleich ein krachender Donner folgte. Es wurde dunkel im Stall. Noch bevor Sarahs Augen sich an die Finsternis gewöhnt hatten, hörte sie aus Sandokans Box ein schrilles Wiehern. Sarah tastete sich an der Wand entlang. Im Regal beim Zwangsstand lag immer eine Taschenlampe. Die brauchte sie, um den Sicherungskasten zu finden.

Sie hatte gerade ein paar Schritte zurückgelegt, als sie hörte, wie Sandokan gegen seine Boxenwände schlug. Nicht nur einmal, sondern unaufhörlich, so als wollte er mit aller Gewalt ein Loch hineindonnern. Sie lief wieder zurück zu seiner Box und versuchte ihn mit ihrer Stimme zu beruhigen. „Ho, Sandokan, ganz ruhig. Braver Junge, ist doch nur ein Gewitter."

Aber der Hengst schien Sarahs Beruhigungsversuche gar nicht zu bemerken. Als der nächste Blitz den Stall taghell erleuchtete, konnte Sarah erkennen, dass Sandokan schweißnass war und senkrecht auf den Hinterbeinen stand.

Sarah spürte, wie sich Panik in ihr breitmachte. Wie sollte sie den wertvollen, 600 Kilo schweren Hengst nur beruhigen? Sie erinnerte sich, dass Dr. Wiegand sie immer ermahnt hatte, auf keinen Fall zu einem Pferd in die Box zu gehen, das in Panik war. Fast hörte sie die Stimme der Tierärztin, als sie sagte: „Pferde sind unberechenbar, wenn sie in Panik sind. Sie achten auf nichts und niemanden mehr. Vor allem nicht auf einen kleinen Menschen. Bleib ihnen fern, Sarah!"

Sie hörte den Hengst in seiner Box toben. Mit jedem Blitz wurde er wilder. Allmählich steckte er die anderen Pferde an, die in ihren Boxen ebenfalls unruhig wurden. Sarah hoffte, dass Sandokan durch Licht im Stall vielleicht ruhiger werden würde. Sie tastete sich weiter an der Wand entlang, bis sie das Regal erreichte. Mit fliegenden Fingern untersuchte sie die Ablagefläche. Es schien ihr eine Ewigkeit zu vergehen, bis sie endlich den langen, schmalen Griff der Lampe spürte. Sie drückte auf den Schalter, und ein kräftiger Lichtkegel erhellte den Stallboden vor ihr. Sarah dachte fieberhaft nach. Wo mochte der Sicherungskasten hier in der Klinik sein? Sie öffnete die Tür zum Labor. Die aufgereihten Medikamente leuchteten im Lichtschein ihrer Taschenlampe auf. Systematisch suchte Sarah die Wand ab. Irgendwo hier musste das Ding doch sein!

Aus dem Stall klang lautes Poltern. Sandokan beruhigte sich kein bisschen. Stattdessen nahm sein Toben noch zu. Ob die Wände seiner Boxen den Schlägen auf Dauer standhielten? Sie fluchte leise. Wo war dieser blöde Kasten? Im Labor hatte sie keinen Erfolg. Sie ging durch die Tür in das Empfangszimmer. Hier wäre ihr ein Sicherungskasten doch irgendwann mal aufgefallen. Oder? Sie zwang sich dazu, die Wand danach abzusuchen. Und tatsächlich: hinter Elsas Computer fiel ihr ein schmaler Griff ins Auge. Erleichtert öffnete sie das Türchen von dem Fach, das in die Wand eingelassen war. Mit einem Blick sah Sarah, dass der Kippschalter von der Hauptsicherung zurückgesprungen war. Sie legte ihn um – und zu ihrer Erleichterung flimmerte ein Lichtschein aus dem Stall in das Labor. Sie rannte zurück.

Die helle Stallbeleuchtung schien Sandokan ein wenig zu beruhigen. Aber er stand immer noch mit weit aufgerissenen Augen und hoch erhobenem Kopf in seiner Box. Bei jedem Blitz wich er zurück und zitterte, beim darauf folgenden Donner zuckte er zusammen. Wieso hatte der selbstsichere Hengst bei einem harmlosen Gewitter so schrecklich Angst?

Sarah holte ein Büschel Heu und legte es ihm in die Box. Vielleicht wurde er durch Fressen ruhiger? Doch Sandokan würdigte die Halme mit keinem Blick. Er zitterte weiter am ganzen Körper. Der Regen fiel jetzt gleichförmig rauschend vom Himmel, die Blitze wurden seltener. Der Donner grollte nur noch von ferne. Das Gewitter verzog sich allmählich.

Mit dem letzten Blitz schien Sandokan endlich auszuatmen. Ganz allmählich entspannte sich der große Fuchs. Der letzte Donner war schon seit zehn Minuten verhallt, als Sandokan endlich seinen Kopf senkte und doch an dem Heu schnupperte. Zaghaft schnappte er ein paar Halme.

Sarah betrachtete den schweißnassen Hengst nachdenklich. Er wirkte jetzt wieder so ungefährlich wie sonst auch. Sarah holte eine Abschwitzdecke und ging zu dem Fuchs in die Box. Sie legte ihm die Decke über und streichelte seinen Hals. „Was ist nur in dich gefahren? Warum kannst du nicht reden, das würde wirklich helfen."

Sandokan fraß jetzt sein Heu, er war wieder ruhig. Sein Fell trocknete schnell.

Sarah sah nach Aquarius, aber der hatte das Gewitter offensichtlich verschlafen. Sie ging zurück zu Sandokan und lehnte sich an die Boxentür. Das Rauschen des Regens wirkte einschläfernd. Sarah zwang sich, weiter nachzudenken. War das Gewitter der Schlüssel zu Sandokans Problem? Sie erinnerte sich an das Video von Windmühle. Sie hatten es so oft angesehen, dass sie noch jede Kleinigkeit wusste. Auf dem Turnier herrschte strahlender Sonnenschein, es war ein perfekter Herbsttag. Am Wetter konnte es also nicht liegen. Sie schloss die Augen und stellte sich die Szene noch einmal vor. Sandokan, der gelassen vorwärtsgaloppierte und mühelos die Sprünge überwand. Die Wendung auf den Teich und der Baumstamm vor dem Einsprung. Das hell glitzernde Wasser und die plötzliche Verweigerung. Sarah hatte das Gefühl, dass sie der Lösung des Problems ganz nahe war. Sie konzentrierte sich. Das glitzernde Wasser. Konnte es sein, dass der sensible Hengst das helle Glitzern mit einem Blitz verwechselt hatte? War so etwas möglich? Sie musste das Video noch einmal sehen!

Im Empfangszimmer schaltete Sarah den Fernseher an und legte das Videoband ein. Über den Bildschirm flimmerten die vertrauten Bilder. Sandokan lief im Schatten unter den Bäumen und setzte fast zum Sprung in das hell erleuchtete, glitzernde Wasser an. Sarah hielt die Luft an. Ihr war vorher nie aufgefallen, dass Sandokan aus einem schattigen Wäldchen kam, als er in das gleißend helle Wasser springen sollte. Es konnte also tatsächlich sein, dass er das Wasser mit einem Blitz verwechselt hatte. Sie hatte allerdings keine Ahnung, warum er so panisch auf helles Blitzen reagierte.

Während sich Sarah das Video noch einmal ansah, drehte sich ein Schlüssel in der Eingangstür der Klinik.

Dr. Wiegand kam herein und sah Sarah überrascht an. „Was machst du denn hier?"

Sarah deutete auf den Fernseher. „Ich habe mir das Video aus Windmühle noch einmal angesehen. Ich habe da so eine Idee …"

Dr. Wiegand wurde neugierig. „Dann lass mal hören!"

Sarah erzählte von dem Gewitter, das vor einer knappen Stunde über den Stall hinweggezogen war. Davon, dass Sandokan völlig ausgeflippt war und alle Pferde im Klinikstall mit seiner Angst angesteckt hatte. Und wie schnell er sich nach dem letzten Blitz wieder beruhigt hatte. Zum Abschluss ihrer Ausführungen zeigte Sarah auf den Fernseher. „Ich habe mir das Video noch mal angeguckt … Schauen Sie mal!" Sarah spulte rückwärts, wieder lief Sandokan mit gespitzten Ohren durch den Baumschatten, setzte zum Sprung an und brach dann ab. Sarah erklärte währenddessen: „Jetzt ist er im Dunkeln, also im Schatten. Mit dem Sprung hätte er direkt in das hell glitzernde Wasser springen müssen. Könnte es nicht sein, dass er das Wasser mit einem Blitz verwechselt hat, weil es so plötzlich hell war?" Sarah ließ das Video weiterlaufen bis zu dem Punkt, an dem Michael Renner den Fuchs in die leichtere Alternative lenkte. „Sehen Sie – bei der Alternative geht es erst kurz durch die Sonne, das Wasser liegt in einem anderen Winkel und wird von der Sonne nicht angeschienen. Und schon geht Sandokan hinein, ohne auch nur einen Moment zu zögern."

Die Tierärztin sah sie nachdenklich an. „Er verwechselt das Wasser mit einem Blitz? Das kann ich mir nicht vorstellen. Aber vielleicht war es ja wirklich irgendetwas mit einem Gewitter." Dr. Wiegand sah auf die Uhr und griff zum Telefonhörer. Zu Sarah sagte sie: „Michael geht nie vor Mitternacht ins Bett, den kann ich jetzt noch ohne schlechtes Gewissen anrufen!"

Sekunden später erzählte sie ihrem Ex-Mann von

den Vorkommnissen des Abends. Ihre Stimme wurde drängend, als sie nachfragte. „Michael, erinnerst du dich an irgendetwas, das dem Hengst bei einem Gewitter zugestoßen ist? Etwas, das ihm auch Monate später noch Angst einjagt?“

Sie lauschte in den Hörer. Dann fragte sie noch einmal nach. „Sicher nicht? Es ist doch nicht zu glauben, dass ein Pferd wie Sandokan plötzlich Angst vor einem Gewitter hat.“ Sie hörte Michael noch einen Moment zu und verabschiedete sich dann. „Wenn dir irgendetwas einfällt, ruf mich an. Ich bin mir ziemlich sicher, dass da der Grund für sein Problem liegt. Denk noch mal nach.“ Damit legte sie auf und sah Sarah kopfschüttelnd an. „Michael sagt, dass er sich an nichts erinnern kann. Er fragt morgen früh seine Pflegerin.“

Gemeinsam gingen die Tierärztin und Sarah noch einmal durch den Stall. Die Pferde dösten friedlich, ein paar lagen sogar in ihren Boxen. Sandokan fraß sein Heu, nichts deutete darauf hin, dass er vor einer Stunde fast seine Box zerlegt hatte. Sarah nahm ihm die Abschwitzdecke ab, er war wieder trocken. Dann löschte Frau Wiegand das Licht und sah auf die Uhr. „Es wird Zeit, dass du nach Hause kommst. Ich fahre dich, der Regen ist ja schrecklich.“

Auf der kurzen Strecke im Auto schwiegen beide. Erst als Dr. Wiegand vor dem Haus der Stürmers anhielt, sah sie Sarah noch einmal an. „Ich glaube trotzdem, dass du recht hast. Warten wir ab, was die Pflegerin sagt. Bei den internationalen Reitern sind es die Pfleger, die alles über die Pferde wissen – nicht die Reiter. Morgen wissen wir mehr."

Sarah nickte, verabschiedete sich und verschwand im Haus.

11

Kaum hatte Sarah am nächsten Tag das Empfangszimmer betreten, kam Elsa ihr schon strahlend entgegen. „Treffer, Sarah!"

Sarah sah die Frau fragend an. „Geht das auch genauer?"

Elsa lachte. „Bettina hat mir von dem Gewitter gestern Abend erzählt. Und dem Anruf bei Michael, der nichts gebracht hat. Vor einer halben Stunde hat sich Michaels Pflegerin gemeldet und eine unglaubliche Geschichte erzählt."

Schlagartig war Sarahs Neugier geweckt. „Und? Was ist mit Sandokan passiert?"

„Du erinnerst dich doch, dass Michael erzählt hat, er besitze Sandokan seit sechs Jahren. Sandokan hatte einen alten Wallach als Koppelbegleitung. Laut Pflegerin ist er nie von seiner Seite gewichen. Michael war froh, dass er für den Rentner noch eine Aufgabe gefunden hat. Bei Sandokans ersten Prüfungen haben sie den Wallach sogar mit auf den Lkw gestellt, damit Sandokan sich nicht so einsam fühlt."

Sarah wurde ungeduldig. „Und was hat das mit dem Gewitter zu tun?"

„Lass mich doch ausreden. Die Pflegerin hatte die

beiden im Frühjahr auf die Koppel gestellt, so wie jeden Nachmittag. Dann ist urplötzlich ein gewaltiges Gewitter losgebrochen. Sie hat die Pferde nicht mehr rechtzeitig in den Stall bringen können, die Koppel von Sandokan und seinem Freund lag weit entfernt – auf jeden Fall haben sie im Gewitter nur den aufgeregten Sandokan auf der Koppel gefunden. Sein Freund war spurlos verschwunden. Sie haben Sandokan in den Stall geführt, er hat sich die ganze Nacht nicht beruhigt." Elsa machte eine kurze Pause, bevor sie weiterredete. „Den alten Wallach haben sie erst am nächsten Tag gefunden. Er muss sich bei dem Gewitter so erschrocken haben, dass er in den Teich gefallen ist, den es auf der Koppel gab. Da hat ihn ein Blitz erwischt. Er lag tot im Wasser, als sie ihn gefunden haben."

Sarah machte große Augen. „Wie schrecklich! Aber dann ist es doch total logisch, warum Sandokan bei dem glitzernden Wasser verweigert hat, oder? Das hat ihn an das Gewitter erinnert, in dem sein Freund gestorben ist. Sandokan fehlt körperlich überhaupt nichts, er verbindet mit Gewitter nur eine schlimme Erinnerung."

Elsa nickte. „Ja. Das hat Bettina auch gesagt. Sie hat eine Aufgabe für dich und Marc. Ihr sollt euch überlegen, wie man Sandokan helfen kann. Wenn euch etwas einfällt, sollt ihr es Bettina erzählen. Sie ist heute Abend wieder da."

Sarah stand auf und nickte eifrig. „Klar, das machen wir. Wo ist Marc?"

Elsa deutete auf die Tür, die zum Labor und zum Stall führte. „Er ist bei Aquarius. Heute muss er sich mit Frau Hoppe beschäftigen, da ist er sicher nicht böse, wenn du ihn wegen eines dringenden Falls dort wegholst ..."

„Mach ich!" Sarah lief los. In der Stallgasse hörte sie schon die durchdringende Stimme von Frau Hoppe. „Und was für ein Sternzeichen haben Sie, junger Mann?" Sarah musste sich ein Grinsen verkneifen, als sie Marcs Antwort hörte. „Ich habe keine Ahnung. Vielleicht bin ich im Jahr des Pferdes geboren? Ich meine, das würde doch zumindest meinen Beruf erklären, oder?"

Frau Hoppe runzelte die Stirn. „Dafür sind Sie eigentlich zu jung ..."

Sarah setzte ein ernstes Gesicht auf und unterbrach die Diskussion. „Verzeihen Sie, Frau Hoppe, aber ich muss Dr. Berlinger für einen dringenden Fall entführen."

Frau Hoppe zeigte Verständnis. „Natürlich, die Gesundheit der Pferde geht immer vor." Sie lächelte Marc zu. „Wir können uns ja ein anderes Mal über Ihre Sterne unterhalten."

„Ja, sicher." Marc folgte Sarah eilig durch die Stallgasse. Als sie die Tür zum Labor hinter sich geschlossen hatten, grinsten sie sich verschwörerisch an. Marc schüttelte den Kopf. „Ich bin dafür, dass wir künftig die Aufnahme von Pferden, die nach Sternzeichen benannt sind, einfach ablehnen. Oder Besuchsverbot für die Besitzer einrichten. Dir hat sie auch schon ein Horoskop erstellt, oder?"

„Das war nicht zu vermeiden, ich hatte ja Geburtstag. Und das habe ich leider ausgeplappert."

Marc sah sie überrascht an. „Du hast Geburtstag gehabt? Wann?"

Sarah winkte ab. „Letzten Sonntag, da haben wir uns aber nicht gesehen."

Marc nahm sie in den Arm und drückte ihr einen Kuss auf die Wange. „Ich gratuliere dir ganz herzlich. Das müssen wir noch feiern!"

Sarah war verlegen. Mit einem Kuss hatte sie nun wirklich nicht gerechnet. Sie spürte, wie sie rot wurde, und wollte schnell das Thema wechseln. „Ich wollte eigentlich mit dir über Sandokan reden ..."

Marc nickte. „Ja, das ist eine unglaubliche Geschichte mit dem Gewitter. Elsa hat es mir schon erzählt." Er lächelte. „Da hast du wieder mal den richtigen Riecher gehabt, tolle Leistung."

Sarah winkte ab. „So wie Sandokan sich in der Nacht aufgeführt hat, wäre jeder darauf gekommen, dass er Gewitter nicht so toll findet. Die Frage ist jetzt, wie wir ihm die Angst wieder abgewöhnen."

Marc hob die Schultern. „Stimmt. Leider sind Gewitter viel zu selten, wir können nicht darauf hoffen, dass er sich einfach von selbst wieder daran gewöhnen wird."

„Nein. Ich hatte auch das Gefühl, dass er sich in dieser Nacht viel mehr vor dem Blitz als vor dem Donner gefürchtet hat. Könnte man so einen Blitz nicht künstlich ..."

„Das ist die Lösung!", fiel Marc ihr ins Wort. „Wir gewöhnen ihn an einen Blitz, ein plötzliches grelles Licht. Wir können ja vorsichtig anfangen. Ihm einfach eine Taschenlampe ins Gesicht halten und an- und ausschalten. Das können wir dann im Laufe der Zeit steigern."

Sarah nickte eifrig. „Ja, das Ziel müsste sein, dass wir ihn in der Nacht im Stall mit einer Kamera anblitzen. Wenn er dabei ruhig bleibt, dann könnten wir das noch mit Wasser verbinden." Sie unterbrach sich. „Das wird dann aber schwierig." Sarah zog nachdenklich die Stirn kraus. „In einer verregneten Nacht könnten wir ihn aus dem Stall holen und mit der Kamera anblitzen – das müsste doch einem Gewitter sehr ähnlich sein. Was meinst du?"

Marc klopfte ihr auf die Schulter. „Das könnte funktionieren! Es dauert bestimmt noch eine Weile, aber mit ein bisschen Glück wird Sandokan wieder ein echter Sportler. Wenn Dr. Wiegand von unserer Idee genauso überzeugt ist, hast du deine Aufgabe für die nächsten Wochen!"

Sarah schüttelte den Kopf. „Du vergisst, dass ich

Sandokan nicht pflege. Ich bin wohl zu ungeschickt für so ein wertvolles Pferd …"

„Blödsinn. Bloß, weil er einmal erschrocken ist. Das hat doch nichts zu bedeuten. Ein so temperamentvolles, sensibles Pferd geht eben ein wenig schneller in die Luft als ein braves Pony wie dein Sascha."

Sarah zog eine Grimasse. „Hör auf von wegen bravem Pony. Der ist im Moment das genaue Gegenteil. Ich habe dir doch erzählt, dass er bei meinem ersten Versuch, ihn zu reiten, durchgegangen ist? Ich traue mich seitdem nicht mehr auf seinen Rücken. Ich weiß nicht, was ich dagegen tun soll. Also führe ich ihn spazieren. Keine Lösung, ich weiß. So komme ich nie wieder zum Reiten."

Marc sah sie mitfühlend an. „So ein Verhalten ist in Saschas Situation aber normal. Ihm tut nichts mehr weh, aber er durfte sich seit dem Sommer nicht mehr richtig bewegen und toben – also lässt er seine Energie beim Ausritt raus. Hast du Jenny denn mal gefragt, ob sie dich begleitet? Mit Lavinia wird Sascha sicher ruhiger. Und dann trabt ihr zwischendurch einfach ein bisschen, damit Sascha sich kontrolliert bewegt. Das müsste funktionieren, meinst du nicht?"

Sarah zuckte mit den Schultern. „Ich habe Jenny schon eine Weile nicht mehr gesehen. Sie trainiert wohl lieber für Springturniere!" Sarah biss sich auf die Lippe. Das klang ja nun wirklich nach beleidigtem kleinen Kind.

Zum Glück schien Marc das nicht bemerkt zu haben. „Blödsinn. Es ist Herbst, die Saison für Turniere ist vorbei. Die Hallenturniere sind fast alle erst nach Weihnachten. Und Lavinia braucht Abwechslung von der Springerei, sonst verliert sie den Spaß daran. Soll ich mal mit Jenny sprechen? Sie trainiert schließlich häufig mit mir."

Sarah schüttelte schnell den Kopf. „Nein, ich rufe sie in den nächsten Tagen an. Ich kann sie sicher überreden, mit mir und Sascha einen kleinen Schrittausritt zu machen." Sie spürte, wie sich schon wieder das schlechte Gewissen in ihr breitmachte. Seit Tagen wollte sie Jenny anrufen, aber immer fand sie einen Grund, es zu verschieben. Sie hatte sich bei ihr noch nicht einmal für das schöne Geburtstagsgeschenk bedankt.

Noch bevor sie weiter über Jenny und Sascha nachgrübeln konnte, fuhr der blaue Kombi der Tierärztin auf den Hof.

Marc sprang auf und zog Sarah mit sich. „Komm, wir müssen ihr sofort von unserer Spezialbehandlung für Sandokan erzählen. Ich bin gespannt, was sie davon hält!" Er sah auf die Uhr. „Und Zeit für etwas zu essen ist jetzt auch!"

Wenig später saßen sie gemütlich in der Küche der Klinik zusammen. Dr. Wiegand nahm sich noch eine Portion von Elsas legendärer Lasagne. Sie sah ihre beiden Mitarbeiter an. „Und ihr glaubt wirklich, ein Blitz aus der Kamera reicht, um einen echten Blitz nachzuahmen?“

Marc legte seine Gabel zur Seite, um das Problem noch einmal zu schildern. „Sarah glaubt, dass Sandokan gestern Abend eher vor dem Licht als vor dem Donner erschrocken ist. Und genau das ist unsere Chance – wir können ihn wieder an plötzliches helles Licht gewöhnen!“

Dr. Wiegand war noch nicht ganz überzeugt. „Das Einzige, was ich noch nicht verstehe: Warum ist Sandokan den ganzen Sommer wie ein Uhrwerk gesprungen? Warum kam sein Aussetzer so spät?“

Jetzt mischte sich Elsa ein, die dem Gespräch bisher schweigend zugehört hatte. „Das habe ich schon die Pflegerin von Sandokan gefragt. Die Erklärung ist einfach: Sandokan ist bisher immer bei bedecktem Himmel oder am frühen Vormittag gestartet. Er war ja immer bei den Nachwuchsprüfungen, die finden morgens statt. Windmühle war sein erster Auftritt auf dem großen Parkett – und ausgerechnet bei strahlendem Sonnenschein.“

Dr. Wiegand nickte. „Okay, ich kann auch keine andere Erklärung für Sandokans Verhalten finden. Wir beginnen mit der Therapie, die ihr vorgeschlagen habt. Ich rufe nachher Michael an und erzähle ihm davon.“ Sie wandte sich an Sarah. „Kannst du dich in den nächsten Wochen darum kümmern? Ich glaube, das ist besser für Sandokan. Er ist an eine Pflegerin gewöhnt, da macht ihn ein Mann wie Peter wahrscheinlich eher misstrauisch."

Sarah sah überrascht auf und schluckte hastig den Bissen Lasagne herunter, den sie gerade kaute. „Aber bei mir ist Sandokan doch gestiegen …"

Die Tierärztin machte eine wegwerfende Handbewegung. „Das waren nur die Eingewöhnungsprobleme von Sandokan. Viele Pferde sind in fremder Umgebung erst einmal schreckhaft. Deswegen war er bei Peter in den ersten Tagen sicher besser aufgehoben. Aber jetzt hat sich der Hengst gut eingelebt und ist friedlich. Du passt einfach künftig besser auf, okay? Du darfst bei einem so sensiblen Pferd nichts anderes im Kopf haben, aber du hast deine Lektion sicher gelernt!"

Damit schob die schlanke Frau ihren Stuhl nach hinten. „Ich hätte gerne, dass du dich in der nächsten Zeit ausschließlich um Sandokan kümmerst. Ich rede mit Peter." Dann ging sie mit eiligen Schritten aus der Küche.

Sarah sah ihr verblüfft nach.

Marc grinste. „Na, dann bist du jetzt wohl unsere Pferdepsychologin vom Dienst. Wenn du mal Hilfe vom Pferdeflüsterer brauchst, wende dich vertrauensvoll an mich." Damit verschwand er hinter der Tierärztin.

Sarah und Elsa blieben alleine mit dem dreckigen Geschirr zurück. Elsa krempelte die Ärmel hoch. „Abwasch ist wohl nichts für Tierärzte. Hilfst du mir wenigstens?"

Sarah nickte. „Kein Problem." In diesem Moment hätte sie alles getan. Sie durfte wieder Sandokan pflegen!

12 Sarah saß im Hof der Klinik und lauschte ins Handy. Wo sie Jenny wohl erwischen würde? Sie musste nicht lange warten.

„Hallo?“, meldete Jenny sich fröhlich.

„Hi, hier ist Sarah …“

Am anderen Ende der Leitung herrschte Schweigen. Sarah beschloss, einfach weiterzureden. „Ich wollte mich bei dir für das schöne Foto von mir und Sascha bedanken. Das ist wirklich toll, ich habe im Sommer gar nicht gemerkt, dass da jemand fotografiert hat. Vielen Dank!“

„Und ich dachte schon, du hättest es gar nicht gefunden!“, sagte Jenny nach einer kurzen Pause. „Was war los mit dir?“

Sarah zögerte. „In der Klinik war viel zu tun“, versuchte sie eine Erklärung. Und merkte selber, wie lahm diese Ausrede klang. Mit diesem blöden Satz hatte sie schon vor ein paar Tagen im Stall nicht die Wahrheit gesagt. Sie holte tief Luft und gab sich einen Ruck. „Und dann habe ich wohl etwas in den falschen Hals bekommen. Ich war sauer, weil du so selbstverständlich mit Marc losgezogen bist …“

Jenny klang fassungslos. „Und das hast du mir nicht

einfach sagen können? Ich versuche seit Tagen dich zu erreichen!"

Sarah war zerknirscht. „Ich weiß, das war blöd von mir. Aber du hast nicht mal an meinem Geburtstag Zeit gehabt!", fügte sie vorwurfsvoll hinzu.

„Du hast mich ja auch erst am Tag davor eingeladen!", verteidigte Jenny sich.

Sarah seufzte. „Weil meine Mutter schon Tage vorher Stress gemacht hat, wegen Feiern und Geschenken. Da hatte ich keine Lust drauf und hab einfach gehofft, dass du Zeit haben wirst. Das war blöd von mir."

Jennys Stimme wurde versöhnlicher. „Na, Hauptsache, du meldest dich überhaupt noch mal. Wie geht's denn sonst so?"

Sarah erzählte von Sandokan und seiner Gewitterangst. „Ist diese Geschichte nicht unglaublich? Ich hätte bis zu diesem Sommer nie gedacht, dass es unter Pferden echte Freundschaften gibt."

„Stimmt", sagte Jenny. „Erst die Sache mit Sascha und Lavinia und dann Sandokan und sein alter Freund."

Die beiden schwiegen kurz. Jede erinnerte sich an die stürmische Nacht, in der sie Lavinia zu Sascha in die Klinik gebracht hatten. Das Pony hatte sich in der Klinik so einsam gefühlt, dass er sich nach seiner Kolik-Operation geweigert hatte, auch nur einen Happen zu fressen. Erst als Lavinia vor seiner Box stand, bekam er wieder Appetit.

Jenny unterbrach das Schweigen als Erste. „Wie geht es Sascha überhaupt? Im Stall habe ich nichts gehört – aber wolltest du ihn nicht wieder reiten?"

Sarah stöhnte. „Ja. Vor einer Woche wollte ich mit ihm einen gemütlichen Ausritt im Schritt machen. Sascha fand allerdings Durchgehen im vollen Galopp eine gute Idee. Es war schrecklich. Ich saß wie Micky Maus persönlich im Sattel. Er hat auf nichts reagiert. Ich hätte die Zügel durchreißen können, und er wäre weitergerannt."

„Und wo hast du ihn dann zum Stehen gebracht?"

„Nirgends. Er ist von selbst stehen geblieben. Vor der Koppel, auf der deine Lavinia gerade gegrast hat. So viel zum Thema Pferdefreundschaft!"

Jenny konnte sich ein Lachen nicht verkneifen. „Typisch Sascha. Wenn der sich etwas in seinen sturen Ponyschädel setzt, dann macht er das auch." Sie wurde wieder ernst. „Aber ist das nicht gefährlich mit seiner Narbe?"

„Das ist ja das Problem", stimmte Sarah zu. „Ich habe Angst, dass er wieder losrennt. Beim ersten Mal hatte er wahrscheinlich nur Glück, dass die Narbe gehalten hat. Aber was ist, wenn er das wieder macht und sich dabei wirklich wehtut? Seitdem führe ich ihn lieber spazieren."

„Meinst du nicht, dass ihn Lavinia beruhigen würde?", fragte Jenny nach.

„Doch, das würde wahrscheinlich gehen. Aber ich

wollte dich nicht fragen. Ich dachte, du bist nur noch mit Springreiten beschäftigt.“ Sarahs Stimme wurde leise. „Ich meine: Wie aufregend ist ein Ausritt im Schritt, wenn man auch mit Marc im Parcours trainieren kann?“

„Du blöde Kuh. Natürlich reite ich mit dir aus. Und die Sache mit Marc … Weißt du was? Wir treffen uns im Stall. Dann können wir mit Lavinia und Sascha im Schritt ausreiten, und ich erzähle dir alle Neuigkeiten!“ Jenny schwieg kurz. „Oder bleibst du heute schon wieder länger in der Klinik?“

Sarah sah auf die Uhr. „Nein, ich soll mich sowieso nur noch um Sandokan kümmern. Hast du wirklich gleich heute Nachmittag Zeit für Sascha und mich?“

Jenny klang ganz wie früher. „Klar, das geht doch nicht, dass du vom Reiter zum Spaziergänger wirst, oder?“, meinte sie fröhlich. „Heute um fünf? Schaffst du das?“

„Klar! Dann bis nachher!“ Sarah legte auf. Es war unglaublich, wie viel besser sie sich jetzt nach diesem Gespräch mit Jenny fühlte. Sie konnte gar nicht mehr verstehen, warum sie so lange wütend auf Jenny gewesen war. Sie war doch ihre beste Freundin! Wer sonst hätte mit ihr diese nächtliche Aktion gewagt, um Sascha zu retten? Wer sonst nahm sich sofort Zeit für einen Ausritt, wenn man sie darum bat?

Strahlend ging Sarah wieder in den Stall. Gut gelaunt summte sie ein Lied vor sich hin. Heute wollte sie sich nur etwas vertrauter mit Sandokan machen. In der Stallgasse traf sie den gewohnt muffeligen Peter, der sie sofort ansprach. „Die Chefin hat mir gesagt, dass du dich ab heute um den Hengst kümmerst. Der war heute nicht draußen, am besten, du longierst ihn erst mal. Soll ich dir dabei helfen?"

Sarah war verblüfft. Peter schien es gar nichts auszumachen, dass er sich nicht mehr um Sandokan kümmern durfte.

Der Pfleger schien ihre Verwunderung zu bemerken. Er lächelte – das passierte selten genug. „Ich habe genug berühmte Pferde in meinem Leben gepflegt. Und wenn es stimmt, was die Chefin sagt, dann ist es wirklich besser, du verbringst mehr Zeit mit ihm. Für eine Rundum-Versorgung fehlt mir hier wirklich die Zeit, dafür haben wir schließlich dich!" Damit griff er zu Longe, Longiergurt, Zaumzeug und Peitsche. „Dann zeige ich dir mal, wie man damit umgeht." Das klang schon wieder nach dem alten Peter. „Frag in den nächsten Tagen sofort nach, wenn du etwas nicht weißt! Vergiss nie, dass Sandokan ein sehr wertvolles Pferd ist, dem hier in der Klinik auf keinen Fall etwas passieren darf!"

Sarah versuchte aufmerksam zuzuhören, als Peter ihr erklärte, wie der Longiergurt verschnallt wurde. Sandokan war dabei die Ruhe selbst.

Wenig später stand Sarah neben Peter in der Mitte des Longierzirkels, während der Hengst mit kraftvollen Schritten um sie herumtrabte. Er kaute dabei eifrig auf seinem Gebiss, gehorchte aber brav Peters Befehlen. Der drückte Sarah schließlich die Longe in die Hand. „Versuche es jetzt selber. Keine Angst, ich bleibe in der Nähe." Er verließ den Longierzirkel und lehnte sich an die Umzäunung.

Sarah zupfte nervös an der Longe. Sandokan sah kurz verwundert zu ihr herüber und fing an zu galoppieren. „Teeeraaab, Sandokan!", rief Sarah und zog an der Longe. Der Hengst wurde schneller.

„Zerre nicht so an der Longe! Lass sie immer wieder locker, genauso wie du es beim Reiten mit den Zügeln machst." Peter gab seine Anweisungen ruhig und gelassen.

Sarah ließ die Longe ein wenig länger, und tatsächlich fiel Sandokan schon eine halbe Runde später wieder in den Trab. Sarah atmete erleichtert auf.

„So ein sensibles Pferd verträgt nicht zu viel Druck", erklärte Peter weiter. „Bei ihm musst du immer ein Mittelding zwischen Druck und Nachgeben finden. Das macht den Umgang mit solchen Pferden ein bisschen schwieriger. Dafür lernen sie aber schnell, das wirst du bei deinen Blitzexperimenten nachher bemerken."

Sarah nickte nur. Sie war jetzt ganz konzentriert bei der Sache, und Sandokan trabte wie ein Uhrwerk auf der Zirkellinie.

Nach ein paar Minuten war Peter zufrieden. „Jetzt

kannst du ihn in seine Box bringen. Ich bin im Stall, wenn du meine Hilfe brauchst."

Wenig später stand Sandokan zufrieden vor seinem Futtertrog. Sarah streichelte ihm über den Hals. Jetzt erinnerte nichts mehr an das panische Pferd von gestern Abend. Mit einer ruhigen Bewegung holte sie eine Taschenlampe aus ihrer Hosentasche. Sie hielt sie in die Nähe seines Kopfes und schaltete sie ein.

Sandokans Kopf schnellte nach oben, und er schnaubte alarmiert.

Sarah machte die Taschenlampe aus und massierte in kleinen kreisenden Bewegungen seine Kaumuskulatur, so wie Marc es ihr vor ein paar Tagen gezeigt hatte. Und tatsächlich: Der Hengst senkte wieder den Kopf und beruhigte sich. Als er entspannt wirkte, schaltete Sarah die Taschenlampe wieder an. Sie wiederholte die Übung einige Male, bis Sandokan auf die Taschenlampe nicht mehr reagierte. Sarah lächelte zufrieden, klopfte Sandokan noch einmal den Hals und verließ seine Box. Es war höchste Zeit, nach Hause zu fahren und sich für den Ausritt mit Jenny umzuziehen.

Eine knappe Stunde später war sie mit dem Fahrrad unterwegs zum Arnoldhof. Zum Glück zeigte sich der Herbst endlich mal wieder von seiner schönen Seite. Die letzten Blätter leuchteten von den Bäumen, über den blauen Himmel zogen ein paar Wolken. Sarah summte fröhlich vor sich hin, als sie ihr Fahrrad abschloss.

In aller Ruhe putzte sie Sascha so gründlich wie schon lange nicht mehr. Noch bevor sie fertig war, hörte sie Jennys Schritte auf der Stallgasse. Einen Moment standen die beiden Mädchen sich unschlüssig gegenüber, dann fielen sie sich in die Arme.

„Noch einmal alles Gute zum Geburtstag", rief Jenny strahlend. „Super, dass wir uns gleich heute treffen können."

Sarah lachte erleichtert. Sie merkte, wie sehr sie Jenny in den letzten Tagen vermisst hatte. „Ist doch klar! Ich bin froh, wenn ich mich endlich mal wieder auf mein wild gewordenes Pony traue!"

Gemeinsam striegelten und sattelten sie Lavinia und Sascha.

Vor dem Stall zögerte Sarah.

Jenny sah sie fragend an. „Was ist?"

Sarah zuckte mit den Schultern. „Irgendwie ist mir mulmig. Wenn er wieder so einen Blödsinn macht … Ich hatte echt Schiss, als er durchgegangen ist!"

„Das wird schon!", sagte Jenny aufmunternd. „Er ist doch nur zu Lavinia gerannt. Diesmal hat er Lavinia dabei – und von der wird er doch nicht wegrennen. Außerdem hast du deinen Helm auf, falls wirklich etwas passieren sollte. Komm, steig auf!"

Zögernd stieg Sarah in Saschas Sattel. Neben Lavinia stapfte er eifrig vom Hof. Die ersten paar Minuten hielt Sarah fast die Luft an. Bei jedem Geräusch und jedem auffliegenden Blatt fürchtete sie einen neuen Ausbruch ihres Ponys. Aber Sascha benahm sich vorbildlich. Er wich nicht von Lavinias Seite, scheute nicht einmal vor einem Traktor und wollte auch nicht schneller werden. Ganz allmählich entspannte Sarah sich. Offensichtlich hatte Sascha nur seine Begleitung vermisst. Vorsichtig atmete sie aus. Jetzt konnte sie sich auch wieder mit Jenny unterhalten. „Sag mal, was war denn jetzt eigentlich mit dir und Marc?"

Jenny strich sich verlegen eine Haarsträhne aus dem Gesicht. „Nichts. Um genau zu sein: Überhaupt nichts."

Sarah sah ihre Freundin verwirrt an. „Wie meinst du das?"

Jenny hob die Schultern. „Na ja. Er hat jemanden gesucht, mit dem er zusammen trainieren kann. Aber das war es dann auch schon." Jenny zögerte kurz, bevor sie weiterredete. „Du hattest wahrscheinlich recht, als du gesagt hast, dass er nicht auf kleine Mädchen wie mich gewartet hat … Er ist übrigens elf Jahre älter als ich." Jenny verzog das Gesicht. Dann sah sie ihre Freundin neugierig an. „Aber wie steht es eigentlich mit dir? Du hast vorher nie gesagt, dass du Marc spannend findest. Sonst hätte ich mich doch nie einfach so an ihn rangeworfen – wir sind schließlich befreundet. Also, ist da was?"

Sarah schüttelte den Kopf. „Nein. Wir arbeiten

zusammen, und Marc erklärt mir total geduldig alles, was ich wissen will. Aber mehr ist nicht. Er hat immerhin gefragt, ob ich nicht mit euch trainieren möchte, wenn Sascha wieder fit ist." Sarah kraulte Saschas Mähne.

Jenny war sofort begeistert. „Das ist doch eine tolle Idee. Dann können wir bei Marc in der Reithalle zusammen ein paar Stunden bei Frank nehmen – das hat dir im Sommer doch auch Spaß gemacht, oder?"

Sarah lächelte. „Und wie! Das machen wir. Dr. Wiegand hat gesagt, dass Sascha in ein paar Wochen wieder voll einsatzbereit ist. Dann kann ich auch wieder springen!" Sie klopfte dem Schecken den Hals. „Natürlich nur, wenn es ihm auch Spaß macht. Aber so gut wie du und Lavinia sind wir noch lange nicht."

Jenny winkte ab. „Ach Quatsch. Mit deinem Sascha hast du uns in ein paar Wochen eingeholt! Er ist doch schließlich ein echter Professor!"

Die beiden Mädchen ritten plaudernd weiter durch den Wald. Erst als sie wieder auf den Arnoldhof ritten, merkte Sarah, dass sie die Zügel längst auf Saschas Hals gelegt hatte – so wie sie es immer getan hatte. Mit einem Grinsen nahm sie die Zügel in die Hand, um ihr Pony durchzuparieren. Sascha war also doch wieder der Alte!

13

„Du gehst jetzt nicht in die Klinik!" Helga Stürmer stellte sich ihrer Tochter in den Weg.

Sarah blitzte ihre Mutter wütend an. „Und warum nicht?"

„Die Ferien sind schon lange vorbei! Es ist in Ordnung, wenn du in den Ferien ständig auf dem Arnoldhof oder in der Marienwaldklinik bist. Aber jetzt ist wieder Schulzeit. Und du hast gerade schon wieder ein ganzes Wochenende mit den Pferden verbracht."

Sarah hob hilflos die Hände. „Aber ich muss doch weiter mit Sandokan arbeiten! Und Sascha muss trainiert werden, wir dürfen seit gestern endlich wieder traben."

Helga Stürmer schüttelte energisch den Kopf. „Du musst gar nichts. Du bist nicht der Sklave der Marienwaldklinik. Um diesen Sandokan kann sich bestimmt dieser kahl geschorene Pfleger kümmern, der nie die Zähne auseinanderkriegt."

Sarah sah den entschlossenen Zug im Gesicht ihrer Mutter. Pferde waren ihr schon immer unheimlich gewesen, und sie hatte nie verstanden, was Sarah an diesen Tieren fand. Hätte sich nicht Sarahs Vater immer wieder für die Pferdebegeisterung seiner Tochter eingesetzt, dann hätte Sarah nie auch nur einen Fuß in einen Stall gesetzt.

Sarah verlegte sich aufs Betteln. „Aber Sascha darf ich doch besuchen, oder? Jetzt, wo ich ihn endlich wieder reiten darf! Wochenlang bin ich nur neben ihm hergelaufen. Das ist unfair!"

Ihre Mutter gab zögernd nach. „Aber du gehst wirklich nur zu Sascha. Und danach kommst du sofort zurück. Versprochen?"

Sarah nickte. „Klar, ich bin spätestens um sechs wieder da."

Helga Stürmer sah Sarah prüfend an. „Ich verlasse mich auf dich!"

Sarah winkte zum Abschied und flitzte aus der Haustür, bevor ihre Mutter ihre Meinung noch einmal änderte. Draußen schnappte sie sich ihr Fahrrad und trat in die Pedale. Ein winziges bisschen nagte zwar das schlechte Gewissen an ihr – aber Sarah hatte keine Sekunde vor, nur zu Sascha zu fahren. Also musste alles ein bisschen schneller gehen. Sie putzte Sascha so schnell es ging, ritt auf dem Reitplatz ein wenig im Schritt und Trab und fuhr dann durch den Wald zur Marienwaldklinik.

Sandokan hatte sich in den letzten Tagen an die Taschenlampe gewöhnt. Gestern hatte sie ganz am Schluss einmal den Blitz von einem Fotoapparat eingesetzt. Sandokan war ruhig geblieben – aber Sarah hatte den Blitz auch am anderen Ende der Stallgasse ausgelöst. Heute wollte sie dem Hengst etwas näher kommen.

Als Sarah an der Marienwaldklinik ankam, zwang sie sich, erst ein paar Mal tief ein- und auszuatmen. Sie wusste inzwischen, wie der Hengst auf hektische Bewegung und Eile reagierte. Er durfte auf keinen Fall merken, dass sie wenig Zeit hatte. Erst als sich ihr Herzschlag beruhigt hatte, öffnete Sarah die Stalltür. Hier erwartete sie das reinste Chaos. Zwei Pferde standen mit ihren aufgeregten Besitzern in der Stallgasse. Bei dem einen versorgte Marc gerade eine Risswunde, beim anderen bearbeitete Frau Wiegand die Zähne mit einer Raspel.

Sarah blieb entsetzt stehen. Wenn so viel los war, hatte sie keine Chance, sich ungestört mit Sandokan zu beschäftigen. Sie verschwand schnell im Empfangszimmer.

Elsa war wie immer durch nichts aus der Ruhe zu bringen. Sie sah Sarah freundlich entgegen. „Na, was gibt's?"

„Offensichtlich zu viele kranke Pferde!", sagte Sarah und deutete in Richtung Klinikstall.

Elsa nickte. „Seit heute Mittag kommen ohne Pause Notfälle herein, keine Ahnung, was los ist. Kannst du uns helfen?"

Sarah schüttelte bedauernd den Kopf. „Nein, leider nicht. Ich wollte nur kurz ein bisschen mit Sandokan üben und dann gleich wieder nach Hause. Meine

Mutter will nicht, dass ich während der Schulzeit zu viel im Stall bin." Sie zog eine Grimasse. „Also: Offiziell bin ich heute nicht hier. Ich war nur kurz bei Sascha, du hast mich nicht gesehen! Ich muss dann gleich weiter – gibst du Bescheid, dass ich mich heute nicht um Sandokan kümmern kann?"

Elsa nickte, und Sarah verschwand mit einem Winken. Wie sie es versprochen hatte, war sie vor sechs wieder zu Hause. Nach dem Abendessen verzog sie sich in ihr Zimmer und rief Jenny an. Ohne lange Vorreden legte sie los.

„Stell dir vor: Meine Mutter macht Stress, weil ich angeblich zu oft in der Klinik bin! Dabei muss ich jetzt doch wirklich jeden Tag zu Sandokan. Ich habe heute versucht, Sascha und Sandokan in zwei Stunden zu versorgen. Aber da habe ich keine Chance ..."

„Warum fängt deine Mutter jetzt plötzlich mit Verboten an?", fragte Jenny erstaunt. „Bis jetzt hat sie dich doch auch in die Klinik gehen lassen, oder?"

Sarah zögerte. „Na ja, eigentlich war es mein Vater, der dafür gesorgt hat, dass ich in die Marienwaldklinik gehen darf. Meine Mutter war vom ersten Tag an dagegen. Sie hat immer Angst, dass ich mich übernehme. Und bis jetzt war ich ja nicht jeden Tag bei Frau Wiegand, sondern immer nur am Wochenende oder ein, oder zweimal am späten Nachmittag."

Jenny dachte nach. „Das heißt, Sascha darfst du jeden Tag besuchen, aber Sandokan nicht?"

Sarah stimmte zu. „Genau. Ich konnte Sandokan heute nicht mal ein bisschen bewegen – und das, wo ich mich doch nur noch um ihn kümmern soll."

„Wie wäre es, wenn ich mich in den nächsten Tagen um Sascha kümmere?", schlug Jenny vor. „Das bisschen Traben kriege ich schon hin. Und du sagst deiner Mutter, dass du zu Sascha gehst, aber in Wirklichkeit fährst du in die Klinik! Das mit Sandokan dauert doch nicht mehr lange, die paar Tage kriegen wir doch gemeinsam rum."

„Du bist einfach die Beste", jubelte Sarah ins Telefon. „Machst du das wirklich für mich?"

Sie konnte fast hören, wie Jenny lässig mit den Schultern zuckte. „Ist doch selbstverständlich! Soll ich gleich morgen anfangen? Am Wochenende können wir dann ja wieder zusammen ausreiten. Bis dahin bewege ich Sascha einfach nur auf dem Reitplatz."

Beruhigt legte Sarah nach dem Gespräch den Hörer auf. Was für ein Glück, dass die Sache mit Jenny wieder in Ordnung war. Blieb nur noch dieses etwas schlechte Gefühl, weil sie ihre Mutter anschwindeln musste. Aber dafür durfte sie mit Sandokan arbeiten!

Schon am nächsten Tag fuhr Sarah zwar in Richtung Arnoldhof los, bog aber nicht in den Feldweg ein, sondern blieb auf der Straße, die zur Pferdeklinik führte. Zum Glück war es diesmal ruhig in der Klinik. Sie konnte sich in aller Ruhe um Sandokan kümmern und holte nach dem Longieren wieder die Kamera aus dem Empfangszimmer. Diesmal massierte sie Sandokans Kaumuskulatur, noch bevor sie mit ihren Übungen anfing. Der Hengst genoss die Behandlung und ließ seinen Kopf entspannt hängen. Fast sah es so aus, als ob er einschlafen würde. Die Augenlider sanken herab, er ließ die Unterlippe hängen.

Sarah verließ die Box. In dem Stall war es an diesem herbstlichen Spätnachmittag schon dämmrig. Sie griff zu der Kamera, stellte den Blitz an und löste aus. Noch während das gleißend helle Licht aufflammte, warf der Hengst den Kopf hoch und stieg in seiner Box senkrecht in die Luft. Wieder ging Sarah zu ihm und massierte und streichelte ihn so lange, bis er sich wieder entspannte. Schon bei der dritten Wiederholung wurden Sandokans Panikreaktionen schwächer. Sarah blitzte noch näher an der Box, aber Sandokan sah nur noch aufmerksam zu ihr hin. Außer einem aufgeregten Schnauben wirkte er ruhig.

Sarah lächelte, als sie ihm schließlich eine Karotte gab und die Kamera zurück ins Empfangszimmer brachte. Hier lief sie Frau Hoppe in die Arme, die sie sofort begeistert begrüßte.

„Jetzt kann ich mich auch von unserer kleinen Waage verabschieden."

Sarah zuckte zusammen. Sie hasste es, wenn man sie klein nannte. Ja, sie war ein bisschen schmal für ihre fünfzehn Jahre. Und ein paar Zentimeter mehr Körpergröße wären auch nicht schlecht. Aber sie wollte es nicht auch noch täglich hören!

Frau Hoppe bemerkte Sarahs säuerliche Miene nicht. „Ich hole heute Aquarius ab. Dr. Wiegand meint, dass jetzt keine Gefahr mehr für ihn besteht."

Sarah konnte sich eine letzte Bemerkung nicht verkneifen. „Und ich nehme an, heute stehen die Sterne für einen Transport gut?" Aus dem Augenwinkel sah sie, wie Elsa einen Lachanfall bekam, den sie als Hustenanfall tarnte.

Frau Hoppe war unempfindlich gegenüber ironischen Bemerkungen. Sie strahlte Sarah an. „Typisch Waage, du hast das einfach im Gespür. Du hast recht: Heute ist ein guter Tag für einen Neuanfang. Frau Hoppe reichte ihr die reich mit Ringen geschmückte Hand. „Noch einmal vielen Dank für die gute Pflege. Ich habe schon mein Dankeschön in euer Trinkgeldschwein entrichtet – aber ich kann gar nicht sagen, wie froh ich bin, dass Aquarius hier in der Klinik operiert worden ist." Damit winkte Frau Hoppe in die Runde und verschwand Richtung Stall.

Sarah sah ihr hinterher. „Muss ihr nicht jemand helfen?"

Elsa tupfte sich die Tränen aus den Augenwinkeln. Ihr Lachen ebbte nur langsam ab. „Marc ist draußen", keuchte sie. „Sie will sich weiter mit ihm über das Jahr der Ziege oder so unterhalten. Marc freut sich schon, dass ihm endlich jemand seinen Charakter erklärt …"

Sarah und Elsa lachten noch zusammen, als Frau Hoppes Auto mitsamt Hänger und Aquarius vom Hof fuhr. Erst als die Luft rein war, ging Sarah in den Hof und holte ihr Fahrrad. Höchste Zeit, dass sie nach Hause kam.

Sie fuhr gerade aus dem Wäldchen auf die Straße, als ein roter Golf sie überholte. Sarah erkannte das Nummernschild und zuckte erschrocken zusammen. Das war das Auto ihrer Mutter! Und Sarah kam eindeutig nicht vom Arnoldhof, sondern aus der Marienwaldklinik! Sie konnte nur hoffen, dass ihre Mutter in der Dämmerung nicht auf Fahrradfahrer geachtet hatte.

Ihre Hoffnung zerschlug sich in der Sekunde, in der sie die Haustür öffnete und sich an der Garderobe den dicken Anorak und die Schuhe auszog.

Helga Stürmer kam in den Flur und sah ihr schweigend mit vor der Brust verschränkten Armen zu. „Möchtest du nicht etwas sagen, Sarah?", fragte sie schließlich. Ihre Stimme verhieß nichts Gutes.

Sarah richtete sich langsam auf. Leugnen war jetzt wohl zwecklos. Sie versuchte es mit der Wahrheit. „Es tut mir leid, ich hätte es dir sagen sollen. Aber ich bekomme vielleicht nie wieder die Chance, mit so einem tollen Pferd wie Sandokan arbeiten zu dürfen." Ihre Stimme wurde leiser. „Du verstehst das nicht, Mama, aber es ist toll, zu sehen, wie er allmählich Vertrauen fasst. Er ist schon fast geheilt, ich glaube, nächste Woche kommt sein Besitzer und holt ihn ab. Ich kann doch jetzt nicht einfach aufgeben."

Ihre Mutter sah sie ernst an. „Und was ist mit dem Pony? Erst ist er so schrecklich wichtig, und plötzlich ist das wertvolle Turnierpferd viel wichtiger. Das kann doch nicht sein!"

Sarah schüttelte den Kopf. „Nein, Sandokan ist nicht wichtiger. Es ist nur so, dass Jenny sich bis zum Wochenende gut um Sascha kümmern kann. Sandokan …" Sie brach ab und kämpfte mit den Tränen. Ihre Mutter würde einfach nie verstehen.

„Und das war es wert, dass du mich anlügst?" Die Enttäuschung in der Stimme von Helga Stürmer war unüberhörbar.

„Du verstehst einfach nicht, wie wichtig mir die Sache mit der Klinik ist. Ich kämpfe jeden Tag darum, dass man mich da ernst nimmt. Und dann bekomme ich eine richtige Aufgabe, und ich kann plötzlich nicht mehr regelmäßig kommen, weil meine Mutter Angst hat, dass ich mich übernehme. Wem soll ich das erklären?" Sarah wurde richtig wütend. „Du hast mich ja dazu getrieben, dass ich dir nicht die Wahrheit erzähle!"

Der Ton ihrer Mutter wurde noch strenger. „Jetzt bin ich auch noch daran schuld, dass du mir nicht die Wahrheit sagst? Du musst auch mal akzeptieren, dass nicht alles nach deinem Kopf läuft. Am besten fängst du gleich damit an: In den nächsten Tagen kann Jenny sich weiter um Sascha kümmern! Aber in die Klinik kommst du auch nicht! Du bleibst bis zum Wochenende hier zu Hause! Und hoffe ja nicht auf deinen Vater – diesmal wird er dich nicht retten."

Sarah schossen die Tränen in die Augen. Wütend ballte sie die Fäuste. „Das kannst du nicht machen!"

Helga Stürmer nickte mit entschlossener Miene. „Und wie ich das kann!"

Sarah rannte wortlos an ihrer Mutter vorbei in ihr Zimmer und knallte die Tür zu. Sie durfte jetzt nicht einmal mehr zu Sascha? Ihre Mutter hatte doch einen Knall, das war einfach unglaublich. Sie warf sich auf ihr Bett. Was war daran verkehrt, dass sie ihre Freizeit gerne mit Pferden verbrachte? Und in der Klinik kranken Pferden helfen wollte? Es gab ja wohl schlimmere Hobbys als Pferde. Vielleicht sollte sie ab jetzt jedes Wochenende mit Freunden auf Partys abhängen und jeden Nachmittag zum Shoppen in die Stadt gehen … Sarah schniefte vernehmlich.

Sie griff zu ihrem Handy, um Jenny von dem Ende ihrer tollen Idee zu erzählen. Außerdem musste Jenny ja wissen, dass Sarah bis zum Wochenende auf keinen Fall in die Nähe eines Stalls kommen durfte.

Sehr viel später hörte Sarah, wie ihr Vater nach Hause kam. Mit erhobener Stimme erzählte ihm seine Frau von Sarahs „Vertrauensbruch", wie sie es nannte. Sarah lauschte hinter ihrer verschlossenen Tür. Ihre

Mutter redete so laut, dass sie einfach nicht weghören konnte. Thomas Stürmer bemühte sich, seine Frau zu beruhigen. „Helga, es ist doch gut, wenn Sarah sich für etwas verantwortlich fühlt. Alle schimpfen darüber, dass diese Generation angeblich nicht erwachsen werden will. Oder frühreif ist. Oder Drogen nimmt. Und wir haben eine Tochter, die arbeiten möchte und sich um die Gesundheit von Pferden kümmert. Wo ist da das Problem?“

„Du weißt genau, was das Problem ist!“, entgegnete seine Frau. „Ausgerechnet Pferde musste Sarah sich aussuchen. Das ist doch …“ Ihre Stimme wurde leiser, und Sarah konnte nicht mehr verstehen, was ihre Mutter sagte.

Als wenige Minuten später ihr Vater in Sarahs Zimmer auftauchte, sah sie ihm sofort an, dass er seine Frau nicht hatte umstimmen können.

„Du kannst deine Mutter doch nicht einfach anlügen, bloß weil du unbedingt weiter dieses Pferd pflegen willst. Ich glaube, sie ist mehr enttäuscht darüber, dass du nicht die Wahrheit gesagt hast, als darüber, dass du unbedingt deine komplette Freizeit mit diesen Tieren verbringen willst.“

Sarah hob die Hände. „Ich verstehe einfach nicht, was sie immer gegen Pferde hat.“ Ihr kamen schon wieder die Tränen.

Thomas Stürmer nahm seine Tochter in den Arm. „Das erkläre ich dir ein andermal. Jetzt musst du allerdings die Folgen deines Handelns ertragen: Bis zum Wochenende kein Stall. Da lässt deine Mutter nicht mit sich reden."

Sarah sah ihren Vater bittend an. „Aber Sandokan ist doch schon fast geheilt …"

Thomas Stürmer zuckte mit den Achseln. „Das hättest du dir vorher überlegen sollen, Sarah." Er stand auf und ging zur Zimmertür. „Du kannst nicht einfach das tun, was du für richtig hältst. Deine Mutter und ich erlauben dir doch sowieso viel. Denk darüber nach, du hast ja bis zum Wochenende Zeit dafür." Damit klappte die Tür hinter ihm zu.

Sarah boxte wütend in ihr Kissen. Sie wollte doch nur helfen! Und wer kümmerte sich jetzt um Sandokan?

14

Sarah starrte schmollend aus dem Fenster. Heute war der letzte Tag ihrer Gefangenschaft. Sie hatte ihre Mutter noch nicht gefragt, ob sie wenigstens heute Abend in das Konzert von Ben durfte. Immerhin hatte ihre Mutter ja nur Besuche im Stall – egal ob im Arnoldhof oder in der Klinik – verboten. Von Konzerten war nie die Rede gewesen. Und es wäre doch zu peinlich, wenn sie Ben wegen Hausarrest absagen müsste …

Jenny hatte sich vor einer halben Stunde gemeldet und erzählt, dass Sascha brav zehn Minuten getrabt sei. Sarah hatte sich bedankt und kurz darauf wieder trübsinnig aus dem Fenster in den Herbstregen gestarrt. Sie wagte es nicht, in der Klinik anzurufen und zu fragen, wie es Sandokan ging. Vielleicht war er ja auch gar nicht mehr da. Sie hatte es schlimm genug gefunden, als sie Dr. Wiegand erklären musste, dass sie bis zum Wochenende ausfallen würde. Die Tierärztin hatte sie zwar verständnisvoll getröstet, aber Sarah wurde den Verdacht nicht los, dass sie heimlich von ihr enttäuscht war.

Plötzlich hielt ein blauer Kombi vor der Haustür. Sarah sah genauer hin. Das gleiche Modell fuhr Dr.

Wiegand. Sie runzelte die Stirn. Im Heck des Autos waren Schränke montiert, seitlich erkannte sie Verbandspakete. Das war tatsächlich das Auto der Tierärztin! Aufgeregt sah Sarah zu, wie Frau Wiegand zusammen mit einem großen blonden Mann ausstieg. Sarah erkannte ihn sofort: Michael Renner! Was machten die beiden hier? Ob etwas mit Sandokan war?

Sarah rannte die Treppe nach unten, während es schon an der Tür klingelte.

Sie öffnete atemlos. „Ist etwas passiert?"

Die Tierärztin und der Reiter sahen das Mädchen verwundert an. „Passiert? Wem?"

„Na, Sandokan!"

Michael Renner grinste. „Ich glaube, ihm ist es passiert, dass jemand sein Problem erkannt hat. Aber sonst geht es ihm blendend." Er sah über ihre Schulter. „Ich würde gerne mit deinen Eltern sprechen. Sind die da?"

Sarah nickte. „Meine Mutter ist hier. Kommen Sie doch rein, ich hole sie eben."

Aber Helga Stürmer hatte das Klingeln gehört und kam in diesem Moment aus dem Wohnzimmer. Sie sah die beiden Erwachsenen im Flur einen Moment verwundert an, dann erkannte sie Dr. Wiegand und streckte ihr die Hand entgegen. „Guten Tag, Frau Wiegand. Was treibt Sie hierher?"

Die Tierärztin lächelte. „Nichts. Ich bin nur die Fahrerin für Michael Renner. Darf ich vorstellen?"

Sarahs Mutter reichte dem Reiter zögernd die Hand. „Freut mich, Sie kennenzulernen! Was verschafft mir die Ehre?"

Michael Renner deutete auf Sarah. „Ich wollte Ihnen zu Ihrer Tochter gratulieren! Sie hat vorletzte Woche als Einzige erkannt, was das Problem von meinem Hengst ist. Ich habe ihn heute in der Klinik besucht, um zu sehen, welche Fortschritte er macht – aber ich denke, ich kann ihn jetzt schon wieder mit nach Hause nehmen. Ihre Tochter hat sich hervorragend um ihn gekümmert. Ohne Sarah wären die Meisterschaften nächstes Jahr wohl unerreichbar geblieben. Wer weiß, vielleicht habe ich ja Glück, und ich kann mich mit Sandokan qualifizieren." Er klopfte Sarah auf den Rücken. „Und das verdanke ich hauptsächlich Ihrer Tochter. Sie hat wirklich ein besonderes Gespür für Pferde." Der Reiter deutete auf Dr. Wiegand. „Bettina hat mir erzählt, dass Sie nicht so begeistert von der Arbeit Ihrer Tochter in der Klinik sind. Aber ich wollte Ihnen versichern, dass Sarah da wirklich ein großes Talent hat." Er lächelte Helga Stürmer gewinnend an. „Dem sollten Sie nicht im Weg stehen!"

Sarahs Mutter hatte sich die lange Rede mit gerunzelter Stirn angehört. Dann schüttelte sie den Kopf. „Haben Sie Kinder, Herr … äh …"

„Renner!", warf Sarah ein. Ihre Mutter würde nicht einmal den Weltmeister erkennen, wenn er in der Tür stand.

Aber die ließ sich davon nicht aus dem Konzept bringen. „Wahrscheinlich haben Sie keine Kinder. Sonst würden Sie wissen, dass Erziehung auch etwas mit Gehorsam zu tun hat. Mein Mann und ich geben Sarah viel Freiraum. Aber sie hat unser Vertrauen ausgenutzt und sich lieber um Ihren Hengst gekümmert, als unseren Anweisungen zu folgen. Was soll ich Ihrer Meinung nach tun? Vor Begeisterung in die Hände klatschen, dass meine Tochter mir einfach frech ins Gesicht lügt?"

Michael Renner nickte verständnisvoll. „Ich verstehe Ihr Problem. Aber es war mir wichtig, dass Sie wissen, dass Ihre Tochter in der Klinik wirklich mehr als nur eine Hilfe zum Ausmisten ist."

Sarahs Mutter presste die Lippen aufeinander. „Sehen Sie, genau das ist der Grund, warum ich gegen diese ganze Klinik-Geschichte bin. Sie sehen doch auch nur das Wohl Ihres Pferdes. Ich bin die Einzige, die auch Sarahs Wohl im Blick hat."

Jetzt konnte Sarah nicht mehr an sich halten. „Mama, bitte! Ich sehe ja ein, dass es ein Fehler war, dir nicht die Wahrheit zu sagen. Aber mir bedeutet die Arbeit in der Klinik so viel!" Sie sah, dass ihre Mutter weich wurde, und bettelte weiter. „Bloß weil du keine Pferde magst, kann das doch nicht bedeuten, dass ich auch nichts mit Pferden zu tun haben darf."

Helga Stürmer schwieg eine Weile. Schließlich seufzte sie. „Du hast Glück, dass du so einen begeisterten Fürsprecher hast, Sarah. Ich habe allerdings eine Bedingung: Du darfst nur noch am Wochenende und in den Ferien jeden Tag in die Klinik. Während einer normalen Schulwoche solltest du in Zukunft mindestens zweimal zu Hause bleiben." Sie sah ihre Tochter ernst an. „Egal, welcher Notfall gerade ist! Kannst du dich daran halten, Sarah?"

Sarah nickte langsam. Sie drehte eine ihrer roten Locken um den Finger, bevor sie antwortete. „Ja. Und sollte noch einmal so etwas passieren wie jetzt mit Sandokan, dann kann ich ja mit dir reden, oder?"

Sarahs Mutter nickte. „Ja, das kannst du."

Michael Renner nickte begeistert. „Dann würde ich Ihre Tochter gerne gleich mit in die Klinik nehmen. Ich finde, sie sollte sich von meinem Hengst verabschieden können!"

Helga Stürmer seufzte. „Nehmen Sie meine Tochter mit. Ich hole sie dann in zwei Stunden in der Klinik ab." Sie sah Sarah an. „Du willst heute Abend doch in dieses Konzert, nicht wahr? Ich bringe dich dann zur Mehrzweckhalle."

Während sich die Erwachsenen voneinander verabschiedeten, schwankte Sarah zwischen Tränen und Lachen. Sie würde den Fuchshengst heute das letzte Mal sehen! Aber wenigstens konnte sie sich von ihm verabschieden.

Wenig später hielt der Kombi vor der Klinik. In der Einfahrt stand der große Lkw von Michael Renner.

Sarah schluckte, als sie ihn sah. Sie lief den Erwachsenen voraus in den Stall. Sie wollte unbedingt noch einmal einen Moment mit Sandokan allein sein.

Als sie die Stallgasse betrat, sah sie sofort seine gespitzten Ohren. Er sah ihr erwartungsvoll entgegen. Sarah streichelte seinen Hals. „Na, hast du mich vermisst?“, fragte sie leise. Der Hengst blies ihr seinen warmen Atem vorsichtig in den Nacken. Sarah hielt ganz still.

Sie hörte, wie sich von hinten Schritte näherten, und drehte sich um. „Habt ihr ihn in der letzten Woche auch mal nachts angeblitzt?“

Dr. Wiegand lächelte. „Marc hat sich genau an den Plan gehalten, den ihr zusammen aufgestellt habt. Er hat ihn vor drei Tagen nachts aus seiner Box geholt und im Regen angeblitzt. Am Anfang fand Sandokan das natürlich wahnsinnig aufregend, aber dann hat er sich wieder beruhigt. Wir haben es gestern noch einmal probiert, aber da war es ihm schon egal. Deswegen habe ich Michael gebeten, seinen Hengst wieder abzuholen. Ein gesundes Pferd hat bei uns in der Klinik nichts zu suchen!“

Michael Renner streckte noch einmal seine Hand aus. „Ich wollte nur, dass du dich von Sandokan verabschieden kannst. Bettina hat mir erzählt, wie liebevoll du dich um ihn gekümmert hast. Kann ich dir denn wenigstens einen Wunsch erfüllen?“

Sarah musste nicht lange nachdenken. „Meine

Freundin Jenny würde so gerne einmal mit ihrem Pferd Vielseitigkeit ausprobieren. Gibst du vielleicht irgendwann mal in der Nähe einen Kurs oder so? Das wäre toll! Das würde ich Jenny gerne schenken, sie hat sich in der ganzen letzten Woche um Sascha gekümmert."

Michael Renner lachte. „Das lässt sich einrichten. Im Frühjahr bin ich in der Nähe. Ich gebe Bettina Bescheid wegen der Kurstermine. Aber was willst du für dich selber?"

Sarah schüttelte den Kopf. „Dein Besuch bei meinen Eltern war mehr als genug! "

„Ich freue mich, wenn ich ein bisschen helfen konnte", erwiderte der Reiter. „Aber ich habe es ernst gemeint, was ich deiner Mutter gesagt habe: Du hast da eine ganz besondere Begabung! Mach etwas draus!"

Sarah nickte, fast feierlich erwiderte sie: „Das werde ich! Ganz bestimmt!"

Anschließend half sie, den Hengst für den Transport einzubandagieren und zu verladen. Sie streichelte ihm ein letztes Mal über die Nase. Dann kletterte Michael Renner in sein Führerhaus, winkte noch einmal und fuhr mit Sandokan vom Hof.

Sarah sah ihm wehmütig hinterher. „Ob die beiden wirklich bei Meisterschaften antreten werden?", fragte sie.

Die Tierärztin lächelte. „Ich würde es ihm zutrauen, wirklich!"

Wenig später kam Sarahs Mutter vorbei und holte ihre Tochter ab. Sarah blickte auf die Uhr. „Können wir vorher noch zu Hause vorbeifahren? Ich will mich noch umziehen!"

Wenig später stand sie ratlos vor ihrem Kleiderschrank. Eine normale Jeans erschien ihr zu langweilig. Schicke Tops besaß sie nicht. Da fiel ihr Blick auf den Rock mit den Pailletten. Den könnte sie ja mal ausprobieren. Dazu zog sie die meerblaue Tunika an, die sie zum Geburtstag bekommen hatte. Prüfend betrachtete Sarah sich im Spiegel. War sie vielleicht zu schick? Aber wahrscheinlich fand sie es nur ungewohnt, mal etwas anderes als Hosen mit Pullis zu tragen. Ihre roten Haare leuchteten über dem Oberteil wie eine Fackel. Sie zog eine Grimasse. Ben würde sie garantiert nicht übersehen, so viel war sicher.

Das schien eine halbe Stunde später auch das Mädchen zu denken, das an der Kasse der Mehrzweckhalle saß. Sie musterte Sarah und fragte: „Du bist also die Freundin von Ben?"

Sarah nickte. „Eine Freundin, ja."

Das Mädchen schob ihren Kaugummi gelangweilt von einer Backe in die andere, bevor sie Sarah gnädig durchwinkte. „Immer hinein in die gute Stube!"

In der Halle sah Sarah sich um. Wo mochte Ben nur stecken? Schüchtern machte sie ein paar Schritte vorwärts. Sie hatte keine Ahnung, wohin sie gehen sollte. Um sie herum standen lauter Grüppchen oder Pärchen, die sich unterhielten, Limo und Bier aus Pappbechern tranken und alle sehr cool wirkten. Sarah drückte sich am Rand entlang. Jetzt kam sie sich in dem Rock plötzlich doch schrecklich verkleidet vor. Was hatte sie sich nur gedacht, als sie dieses Ding angezogen hatte?

In dieser Sekunde wurde es in der Halle dunkel, und die Scheinwerfer auf der Bühne strahlten auf. Die Band kam auf die Bühne. In der Mitte stand Ben mit seiner Gitarre und fing an zu singen.

Sarah sah staunend zu ihm hinüber. Sie verstand nicht alles, aber es war eine ruhige Ballade, und Ben hatte eine tiefe, volle Stimme, die sie ihm nie zugetraut hätte. Sarah schob sich näher an die Bühne, als die Band das zweite Lied begann. Sie merkte, wie sie anfing, im Rhythmus des nächsten Songs zu wippen. Das war toll, was Ben da machte!

Sarahs Begeisterung wuchs von Lied zu Lied, bis Ben schließlich eine Pause ankündigte. Er verschwand von der Bühne, und Sarah fand sich mitten in einem Haufen Jugendlicher, die alle mindestens einen Kopf größer waren als sie selber. Vorsichtig trat sie den Rückzug an. Bis vor ihr plötzlich ein schwarzes T-Shirt auftauchte. Zwei Hände griffen nach ihr. Sarah stand direkt vor Ben, der sie breit angrinste.

„Hi, Sarah. Toll, dass du wirklich gekommen bist!“

Sarah strahlte ihn an. „Die Musik ist klasse, die ihr

macht! Ich wusste gar nicht, dass deine Stimme so klingt! Danke noch mal für die Einladung!"

Ben machte eine abwehrende Handbewegung. „Kein Problem, habe ich gerne gemacht." Er lächelte. „Hast du das mit deiner Freundin aus dem Weg geräumt?"

Sarah nickte. „Ja, endlich. Noch mal danke für deine Tipps." Sie nestelte verlegen an ihrer Tunika. „Irgendwie sage ich den ganzen Abend nur Danke ... Kann ich etwas für dich tun?" Sie sah sich um und entdeckte einen Stand, an dem es etwas zu essen und zu trinken gab. „Hast du Hunger oder Durst?"

Ben fing an zu lachen. „Die Band zahlt nichts fürs Trinken, ehrlich!" Er sah ihr enttäuschtes Gesicht. „Aber für mich ist schon genug, wenn du hier bist und meine Musik gerne hörst. Wirklich!" Er sah auf seine Uhr. „Ich muss wieder auf die Bühne. Bleibst du bis zum Schluss?"

Sarah nickte. „Logisch!"

Ben wandte sich zum Gehen. „Das freut mich." Er blieb noch einmal stehen und deutete auf ihren Rock und das Oberteil. „Das sieht toll aus, Sarah. Ich dachte schon, du besitzt nur Jeans und Reithosen ... Wirklich klasse!" Er winkte und verschwand wieder.

Sarah sah ihm verwirrt hinterher. In ihrem Bauch kribbelte es. Wieso hatte sie eigentlich so lange geglaubt, Ben wäre ein Vollidiot?

Als er wieder anfing zu singen, begann Sarah sogar

wie die meisten um sie herum zu tanzen. Ob Elsa wohl wusste, dass ihr Sohn so tolle Musik machte? Sarah klatschte begeistert. Das musste sie ihr unbedingt erzählen! Es wurde Zeit, dass sie von Bens Talent erfuhr. Sarah lachte, während sie weiterklatschte. Immerhin hatte ihre Mutter auch erst nach dem Besuch von Michael Renner geglaubt, dass Sarah eine Begabung für Pferde hatte.

Und wer weiß, vielleicht würden ihre Träume tatsächlich irgendwann wahr werden: Ben würde Musiker und Sarah Pferdetierärztin!

Danksagung

Die „Pferdeklinik“ würde es nicht geben ohne die komplette Belegschaft der Tierärztlichen Klinik für Pferde in Parsdorf (www.pferdeklinik-in-parsdorf.de). Allen voran Dr. Susanne Blessing, die irgendwann während eines langen Tages in der Klinik meinte: „Darüber sollte man ein Buch schreiben!“

Als die Bücher allmählich Gestalt annahmen, durfte ich immer wieder Gast in der Klinik sein, habe die echten Fälle und die Sorge aller Angestellten um ihre Schützlinge miterlebt. Bei Sandokans Fall gilt mein besonderer Dank Dr. Verena Göttler, die sich die Lösung während einer kleinen Telefonkonferenz ausdachte.

Fachliche Fehler gehen natürlich voll und ganz zu Lasten der Autorin.

Glossar

Bandagen: Lange Stoffstreifen, die um die Beine von Pferden gewickelt werden, um sie vor Verletzungen zu schützen. Das Bandagieren erfordert viel Übung. Besonders bei elastischen Bandagen muss man aufpassen; wickelt man sie zu stramm, schnürt man die Blutzufuhr ab!

Buschpferd, Buschreiten: So bezeichnet man in der Reitersprache die ☞ Vielseitigkeitspferde und das Vielseitigkeitsreiten.

Endoskop: Ein medizinisches Gerät, mit dem man das Innere von Menschen oder Tieren (besonders Hohlräume) ansehen kann.

Kohlfuchs: Ein dunkler Fuchs, wird auch Schweißfuchs genannt.

Longieren: Dabei wird das Pferd an einer langen Leine (Longe) im Kreis bewegt.

Mitteltrab: Verstärkung im Trab. Das Pferd soll dabei größere, schwungvollere Schritte machen, ohne eilig zu werden.

Osteopathie: eine manuelle Behandlungsmethode von

Bewegungseinschränkungen bei Menschen und Tieren. Mit den Händen ertastet der Osteopath Störungen im Körper und versucht sie zu beheben.

Physiotherapie: Nach Verletzungen oder bei Fehlstellungen soll der Körper durch spezielle Übungen oder Massagen wieder zu einer normalen Funktion zurückgeführt werden. Physiotherapeuten gibt es auch für Pferde!

Quarter Horse: Ein intelligentes, hartes, sehr wendiges Reitpferd mit gutem Charakter. Sein Stockmaß beträgt ca. 1,50 m–1,55 m. Die Farben sind meist Braune und Füchse. Sie stammen ursprünglich aus den USA und sind die zahlenmäßig größte Pferderasse der Welt. Quarters haben auffallend starke Muskeln am Körper. Gezüchtet wurden sie als Rennpferd für die Viertelmeile (Quarter of a mile), auf dieser Strecke gilt das Quarter Horse als das schnellste Pferd. Heute wird es meist im Westernreitsport eingesetzt.

Spänebox: Statt Stroh kann man auch Hobelspäne in die Pferdebox streuen. Der Vorteil: Späne enthalten keine Pilzsporen und wenig Staub. Sie werden von Tierärzten empfohlen bei Pferdebronchitis, Allergikern, Kolikern und Übergewicht. Da das Pferd an der Späne nicht knabbern kann, sollte man genügend Heu füttern.

Vielseitigkeit: Eine Reitprüfung, die aus den Teilbereichen Dressur, Geländeprüfung und Springen besteht. Die Geländeprüfung führt über feste Hindernisse, teilweise auch durch Wassergräben.

Vollblut: Pferderasse, die hoch im Blut steht und als besonders sensibel und temperamentvoll gilt. Vollblüter sind nichts für Reitanfänger! Die Rennpferde im Galopprennen sind englische Vollblüter. Sie werden in der Zucht zur Veredelung von Warmblütern eingesetzt. Bekannt ist auch das arabische Vollblut, das sich besonders für Langstrecken-Ritte eignet.